“十四五”国家重点出版物出版规划项目

国家出版基金项目
NATIONAL PUBLICATION FOUNDATION

生态环境损害鉴定评估系列丛书　　总主编　高振会

土壤与地下水污染生态环境损害鉴定评估技术

主　编　黄理辉

副主编　赵　珊　付融冰　萧大伟　彭岩波

参　编　黄理辉　聂晶磊　赵　珊　付融冰

　　　　萧大伟　彭岩波　徐士民　沈浩松

　　　　李赛钰

主　审　李　翔

U0238749

山东大学出版社
SHANDONG UNIVERSITY PRESS

·济南·

内容简介

本书简单介绍了土壤与地下水的基础知识与生态环境损害鉴定评估的基本理论、发展进程和意义，系统阐述了土壤与地下水污染生态环境损害鉴定评估的内容、工作程序、方法和技术要求，以及土壤与地下水污染调查、评价、修复与风险管控等。全书共6章，第1章为概论，第2章为法律法规，第3章为生态环境损害鉴定评估主要技术环节及与环境损害司法鉴定的区别，第4章为土壤与地下水基础理论，第5章为土壤与地下水污染调查评估，第6章为土壤与地下水污染修复与风险管控。

本书可供生态环境损害科研院所研究人员参考使用，也可作为高等院校环境类相关专业本科生、研究生教材，还可作为生态环境损害司法鉴定人员资格考试培训教材。

图书在版编目（CIP）数据

土壤与地下水污染生态环境损害鉴定评估技术/黄理辉主编.—济南：山东大学出版社，2024.10
（生态环境损害鉴定评估系列丛书／高振会总主编）
ISBN 978-7-5607-7868-6

Ⅰ.①土… Ⅱ.①黄… Ⅲ.①土壤污染－危害性－评估－教材②水污染－危害性－评估－教材 Ⅳ.①X53②X52

中国国家版本馆 CIP 数据核字（2023）第 119898 号

策划编辑 祝清亮
责任编辑 宋嫣嫣
封面设计 王秋忆

土壤与地下水污染生态环境损害鉴定评估技术
TURANG YU DIXIASHUI WURAN SHENGTAI HUANJING SUNHAI JIANDING PINGGU JISHU

出版发行	山东大学出版社
社　　址	山东省济南市山大南路 20 号
邮政编码	250100
发行热线	(0531)88363008
经　　销	新华书店
印　　刷	济南乾丰云印刷科技有限公司
规　　格	787 毫米×1092 毫米　1/16
	13 印张　266 千字
版　　次	2024 年 10 月第 1 版
印　　次	2024 年 10 月第 1 次印刷
定　　价	48.00 元

生态环境损害鉴定评估系列丛书
编委会

总　序

　　生态环境损害责任追究和赔偿制度是生态文明制度体系的重要组成部分,有关部门正在逐步建立和完善包括生态环境损害调查、鉴定评估、修复方案编制、修复效果评估等内容的生态环境损害鉴定评估政策体系、技术体系和标准体系。目前,国家已经出台了关于生态环境损害司法鉴定机构和司法鉴定人员的管理制度,颁布了一系列生态环境损害鉴定评估技术指南,为生态环境损害追责和赔偿制度的实施提供了快速定性和精准定量的技术指导,这也有利于促进我国生态环境损害司法鉴定评估工作的快速和高质量发展。

　　生态环境损害涉及污染环境、破坏生态造成大气、地表水、地下水、土壤、森林、海洋等环境要素和植物、动物、微生物等生物要素的不利改变,以及上述要素构成的生态系统功能退化。因此,生态环境损害司法鉴定评估涉及的知识结构和技术体系异常复杂,包括分析化学、地球化学、生物学、生态学、大气科学、环境毒理学、水文地质学、法律法规、健康风险以及社会经济等,呈现出典型的多学科交叉、融合特征。然而,我国生态环境司法鉴定评估体系建设总体处于起步阶段,在学科建设、知识体系构建、技术方法开发等方面尚不完善,人才队伍、研究条件相对薄弱,需要从基础理论研究、鉴定评估技术研发、高水平人才培养等方面持续发力,以满足生态环境损害司法鉴定科学、公正、高效的需求。

　　为适应国家生态环境损害司法鉴定评估工作对专业技术人员数量和质量的迫切需求,司法部生态环境损害司法鉴定理论研究与实践基地、山东大学生态环境损害鉴定研究院、中国环境科学学会环境损害鉴定评估专业委员会组织编写了生态环境损害鉴定评估系列丛书。本丛书共十二册，涵盖了污染物性质鉴定、地表水与沉积物环境损害鉴定、空气污染环境损害鉴定、土壤与地下水环境损害鉴定、海洋环境损害鉴定、生态系统环境损害鉴定、其他环境损害鉴定及相关法律法规等，内容丰富，知识系统全面，理论与实践相结合，可供环境法医学、环境科学与工程、生态学、法学等相关专业研究人员及学生使用，也可作为环境损害司法鉴定人、环境损害司法鉴定管理者、环境资源政府主管部门相关人员、公检法工作人员、律师、保险从业人员等人员继续教育的培训教材。

鉴于编者水平有限，书中难免有不当之处，敬请批评指正。

2023 年 12 月

前　言

2019 年 10 月,司法部与山东大学共建生态环境损害司法鉴定理论研究与实践基地。为做好相关教学科研及培训工作,山东大学生态环境损害鉴定研究院作为理论研究与实践基地的支撑单位,组织编写了生态环境损害鉴定评估系列丛书。本书为其中之一。

近年来,随着我国工业化进程和城市化进程的迅速推进,环境问题日益严重,非法倾倒危险废物导致的土壤与地下水污染问题、历史遗留工业场地的土壤与地下水污染问题、工业排污和污水灌溉导致的农田土壤污染问题均十分突出。相较于其他类型的环境污染,土壤与地下水污染具有隐蔽性和累积性,其调查难度更大,污染成因更复杂,污染责任认定更困难,损害量化涉及的程序和方法更复杂;此外,土壤与地下水环境损害鉴定评估案件是环境损害鉴定评估案件中占比最高的类型。本书系统介绍了土壤与地下水生态损害鉴定评估的内容、工作程序、方法和技术要求。全书共 6 章:第 1 章概述了生态环境损害鉴定评估的基本概念、发展进程和意义;第 2 章详细介绍了与生态环境损害鉴定评估相关的法律法规;第 3 章介绍了生态环境损害鉴定评估的程序、方法、主要环节及与环境损害司法鉴定的区别;第 4 章介绍了土壤与地下水的基础理论;第 5 章介绍了土壤与地下水污染调查评估的方法及生态环境损害的公众健康风险;第 6 章介绍了土壤与地下水污染的修复与风险管控方法。本书可作为环境损害科研院所研究人员的参考用书,也可作为高等学校环境领域相关专业本科生、研究生教材。

山东大学生态环境损害鉴定研究院和山东大学出版社的工作人员在本书的撰写、编辑、校对过程中给予很大的支持与指导,在此深表谢意。参与本书编写、校对的人员还有:孙婷博士,博士研究生胡旭阳,硕士研究生井振阳、屈政君、程旭、毕一双等,以及科研助理李奥等。

　　本书虽几经易稿,但是由于编者水平有限,不足之处在所难免,敬请各位专家学者批评指正,并提出宝贵建议。

作　者

2023 年 11 月

目　录

第1章 概论

1.1 生态环境损害鉴定评估基本概念

1.1.1 环境损害的定义及分类

明晰环境损害的定义,环境损害的主要内容、涉及范围和重点关注对象,是开展环境损害评估工作和实现污染防范、责任追究和损失求偿目标的重要前提。环境损害一般可以分为环境私益损害和环境公益损害两部分,在西方国家被称为传统损害(Traditional Damage)和资源环境损害(Resource and Environmental Damage)。日本学者将环境损害分为舒适性问题和公害问题两大类,并给出了金字塔型的层级关系。然而,对于不同的实际评估目的,所关注的环境损害对象、程度和范围会有较大差别。从最宽泛的角度看,环境损害可以定义为任何人类活动对生态环境和社会经济体系造成的负面影响。其中,一部分损害可以在现有科学技术水平下被感知和量化,另一部分损害虽然已经发生,但由于没有对社会经济、人群健康或生态环境造成可察觉的影响,还不能被人类所认知。

环境损害(广义)可定义为任何自然环境系统扰动所造成的社会可感知和量化的损害,既包括可以明确量化健康、财产、社会经济和资源环境的损害,也包括对整个人类社会和自然生态系统的隐性损害,可以称为"全社会损害"。广义的环境损害一般应用于统计环境污染导致的社会经济损失,如分析重大环境事件损失、绿色 GDP (国内生产总值)核算。

环境损害(中义)可定义为由于环境污染、物质排放或其他人类活动导致环境参数变化所造成的现行相关法律所主张的、可量化的对人体健康、社会经济和资源环境的损害,包括公益损害和私益损害两部分。中义的环境损害一般用于追究污染者的责任、损失求偿。

环境损害(狭义)可定义为由于人类不当活动导致的对资源环境本身的损害,不考虑对人身健康、财产等方面的损害。狭义的环境损害往往只在环境公益诉讼中应用,是针对污染行为对资源环境本身损失的量化。

　　根据环境损害评估和赔偿实践活动,可以将环境损害分为人身健康、社会经济和生态环境损害三大类(见图1.1)。其中,人身健康损害又分为显性健康损害、隐性健康损害、未来预期健康损害和精神损害等;社会经济损害可分为直接经济损失、间接经济损失和社会影响损失等;生态环境损害为资源环境价值损失,基于恢复的角度可分为污染清理和修复费用、生态环境恢复和资源环境服务损失等。

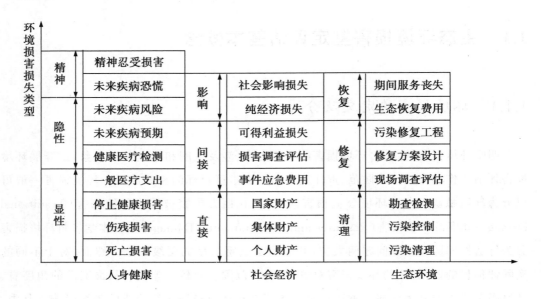

图1.1　环境损害/损失的类型和构成

　　环境损害司法鉴定是司法鉴定的一种,指在诉讼活动中鉴定人运用环境科学的技术或专门知识,采用现场勘察、检测、实验模拟或综合分析等技术方法,对环境污染或者生态破坏案件中涉及的专门性问题进行鉴别、判断并提供鉴定意见的活动。环境损害司法鉴定主要涉及以下七个领域:污染物性质鉴定,空气污染环境损害鉴定,地表水和沉积物环境损害鉴定,近海海洋与海岸带环境损害鉴定,生态系统环境损害鉴定,土壤与地下水环境损害鉴定,噪声、辐射等其他环境损害鉴定。

1.1.2　环境损害评估定义及制度

　　环境损害评估是指针对指定环境污染行为,采用严谨的措施或法定的方法和程序对环境损害进行科学合理的量化评估的过程。与环境损害的概念类似,环境损害评估的概念与范畴跟评估对象、法律依据、主张领域等密切相关,基于污染源、损害受体、评估方式等的不同可分为各种类型。但必须有明确的法律条文依据、完善的评估技术方法标准和全社会较强的环境保护意识才能形成完整的环境损害评估制度(见图 1.2)。法律法规是环境损害评估的基础依据,技术标准是保证环境损害量化和评估结果可信度的关键环节,环境意识提高是顺利开展环境损害评估的重要保障。

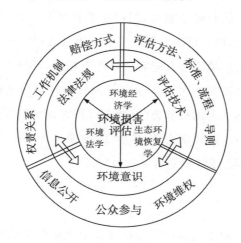

图 1.2　环境损害评估制度

1.2　生态环境损害鉴定评估发展进程

1.2.1　世界生态环境损害鉴定评估发展历程

环境污染事件在世界范围内频繁发生,给人类生命财产安全、自然资源和生态环境造成巨大损害。由于环境污染损害危及各类环境介质,损害范围包含各个方面,造成环境污染损害评估的研究和实践涉及各类人文社会科学领域以及自然学科和工程领域。因此,对环境污染造成的损失和环境保护带来的收益进行精准的量化是环境经济、环境管理、环境科学等环境学科研究的重点领域。构建完备的环境损害鉴定评估制度体系,不断地改进评估技术方法,已成为各国环境保护实践的重要发展方向,同时也是转变环境管理方式的一项基础工作。

发达国家通过自身环境保护的不断发展,逐渐构建出独特的环境损害评估制度,将环境损害相关立法及管理模式、损害评估方法与技术导则、资源环境价值理念和自然文化传统融为一体,演进出健全的资源环境保护和环境权益保障体系。美国、日本、加拿大、澳大利亚及欧盟等国家和地区都结合当地社会经济环境发展的阶段和特征,开展了丰富的环境损害评估理论研究和实践应用,对环境损害评估的定义、目标、对象、内容都做出了明确界定,成功地形成了类型各异的基于污染者付费原则的环境损害责任制度。相比于发达国家,我国当前的环境损害鉴定评估制度仍处于摸索阶段。因此,充分借鉴发达国家的实践经验并结合我国当前的环境形势和社会经济发展阶段特征,构建符合我国国情的环境损害鉴定评估和赔偿制度,对抑制恶性环境事件发生,确保环境污染损害的公私权益得到足额赔偿,维护环境公平正义具有重要的现实意义。

由于各国面临的主要环境问题及应对策略各不相同,环境损害评估在世界各地也呈现出多元化的特征。这种差异性主要体现在各国针对环境损害的范畴界定和应对措施的区别上。环境损害评估在美国被称为"自然资源损害评估"(Natural Resource Damage Assessment,NRDA),欧盟和加拿大称之为"环境损害评估"(Environmental Damage Assessment,EDA),日本把环境污染损害称为"公害"。

1.2.1.1　美国

美国是世界上第一个建立完备的环境损害鉴定评估和赔偿制度的国家,然而早期的制度并不完善,环境损害基本上是依靠普通法来解决问题的。但随后频繁发生的一系列恶性环境事件引起了社会各界对环境破坏的密切关注和公众的强烈不满。20 世纪 70 年代后,美国开始有专门的环境立法来对生态环境损害进行严格责任追究,在随后的 20 年,生态环境损害鉴定评估与赔偿的相关立法、工作机制和技术体系逐步完善并不断改进。这里主要介绍美国自然资源损害评估(NRDA)的相关内容。

NRDA 主要对石油类物质泄露、危险固体废物不当处置和有毒有害物质排放这三类环境污染事件造成的生态环境损害进行评估。在美国,政府制定了主要对石油和有害物质排放污染水体造成的环境损害进行评估与赔偿的《清洁水法》(CWA,1977 年),主要对危险固废和有害物质的不当处置造成的场地污染和资源环境损害进行应急响应、责任追究和治理恢复的《综合环境反应、赔偿和责任法》(超级基金法,CERCLA,1980 年),主要对油类物质泄露进行处置和求偿的《石油污染法案》(OPA,1990 年)三部环境损害响应和责任追究法律。在这三部法律中,CWA 和 CERCLA 主要针对资源环境损害,而 OPA 不仅涉及环境公益损害,还涉及较为宽泛的环境私益损害评估与赔偿。

无论是基本理念还是实际工作,美国早期的 NRDA 存在认识不足的问题和缺陷。但随着对问题认识的不断深入,以及处理真实案例过程中实践经验的增加,美国的环境损害鉴定评估制度在立法修订、技术方法和组织实施方面都逐步完善,现行的美国

NRDA 已经相当成熟并广泛为世界其他地区所借鉴。NRDA 主要包括四个阶段:预评估期、评估计划期、评估期、后评估期。预评估的主要工作是确定自然资源或者服务是否受到了损害,这一阶段的工作还包括将事件通知受托人、启动必要的应急行动、进行必要的取样试验、对处于危险中的自然资源进行初步确认和评估。若预评估阶段认定应进行损害评估,则评估者应制定评估计划,选择评估类型。随后,受托人应采取相应的执行方式,由此进入评估期,在此阶段要进行损害因果关系判定、自然资源损害的判定与量化。评估结束后,受托人应编写由预评估筛选确定、评估计划和有关信息组成的评估报告,且应向潜在责任方提交交纳损害赔偿金和评估费用的书面要求,将评估报告作为其附件。资源对等法、服务对等法、价值等值分析法等替代等值分析法是 NRDA 的常用方法,已经应用到美国的许多具体环境损害鉴定评估案例中,目前欧盟也在其成员国国家推广使用。

1.2.1.2　欧盟

欧盟的环境损害鉴定评估进程明显滞后于美国,欧盟从美国的实践中借鉴经验,不断完善环境损害鉴定评估制度。在 20 世纪 90 年代以前,欧盟环境损害鉴定评估的工作重点为人体健康和财产的损害评估。此后,污染造成的生态环境损害受到了欧盟成员国的关注。与美国不同,欧盟针对资源环境损害评估的立法仅涉及生态环境损害方面,而传统损害的评估与赔偿仍通过各国传统法进行。2004 年,欧盟颁布了第一部以环境污染损害预防和受损生态环境恢复为理念的、具有严格环境责任和强制执行意义的《预防和补救环境损害的环境责任指令》(ELD,2004 年),要求其成员国在 3 年内完成本国相关法律的制定。该指令同时将资源环境损害的范围严格限定在《欧盟野鸟保护指令》(1979年)、《自然生境和野生动植物保护指令》(1992 年)涉及的受保护物种及其栖息地,以及《欧盟水框架指令》(2000 年)中涉及的水生态环境和对人体健康存在潜在风险的污染土地,并做了不同的责任层级规定。在 2006 年和 2009 年,欧盟分别对环境责任指令进行了修订。2006 年修订版中对矿物采选工业固体废物处置环境责任进行了补充规定,2009年修订版中增加了对存储场地运营工业活动的严格环境责任补充规定。2011 年欧盟再次对环境责任指令的部分章节进行修订,对近海石油和天然气开采、开发、冶炼活动安全规定提出了调整建议。

2008—2010 年,欧盟连续 3 年开展了环境责任指令执行效果分析和资金安全问题研究,向企业界以及其他环境责任指令参与方广泛征求意见,并于 2010 年就环境责任指令进展情况和面临的问题向欧洲议会提交了咨询报告。截至 2010 年,欧盟各成员国才全部基于环境责任指令制定了本国环境责任法律,其中执行较快的成员国有意大利、波兰等。这里以意大利为例,简要介绍欧盟成员国环境责任法律制定进展情况。意大利在欧洲相对较早地提出了环境损害评估,1986年意大利环境部成立,当年即发布349号法令,严格限定环境责任,要求责任方承担恢复费用并没收非法所得,并于1997年颁布了更为细化的法规,要求责任方承担土壤、地下水中固体废物的处置和清理费用,1999年颁布的152号法规开始考虑受污染的土壤、地下水和其他自然资源的修复和恢复问题。2004年欧盟环境责任指令出台后,意大利在2006年即将其转化为本国法律,并依据最新的评估原则与技术方法进行了评估实践。

欧盟环境责任指令推荐在评估环境损害和选择适合的修复项目时采用资源等值法(REM),在ELD指令框架下欧盟于2006—2008年开展了资源等值分析技术在环境损害评估中的应用研究计划(REMEDE),并于2008年推出了等值分析工具包(Toolkit),包括初始评估、确定和损害量化、确定和量化增益、确定补充和补偿性修复措施的规模、监测和报告五步。

1.2.1.3　日本

20世纪前期,日本将加快社会经济发展作为总方针路线,以重工业和化学工业为中心,经济高速增长。20世纪50年代,日本出现了世界闻名的四大公害事件。直到20世纪60年代后期,日本才开始高度重视环境保护。1970年,日本出现环境立法高潮,将保护人体生命健康和生态环境作为环境立法的首要宗旨,并于1971年设置环境厅。基于日本的社会经济和环境保护特定国情和背景,日本的环境法规及实践主要围绕人类活动对人体健康及生活环境的相关损害(即"公害")展开。同时,日本政府、企业界及民众对环境保护的权责规定与欧美有较大差异,比如更加重视健康损害,政府对污染修复与生态恢复负有更多的责任,政府参与或主导恢复环境。为了应对经济高速增长带来的严重公害,日本从20世纪60年代末期开始,直到80年代初,逐渐形成了及时应对公害事件,迅速、简易处理公害赔偿纠纷,避免诉讼的一套制度体系,并从最初的"医疗救济制度"向"健康被害补偿制度"转变。经过近10年的持续赔付以后,日本开始将公害应对工作重点从"事后救济"向"事前预防"方向发展。20世纪90年代以后,日本开始进入及时应对新公害病,并采取救济措施的制度完善阶段。

日本的公害应对主要针对大规模的人群健康损害,从产业型公害、生活型公害、潜在或隐性/累积性公害赔偿向公害预警与预防发展,要求涉及相当范围的区域性环境污染,并使人群健康和财产损害事件由国家或地方公共团体采取紧急对策。日本《环境基本法》根据环境介质的类型将公害分为大气污染、水质污染、土壤污染、噪声污染、振动污染、地面下沉及恶臭七类典型公害;同时,根据公害产生的原因,将公害分为产业公害、都市公害、设施公害、农业公害、旅游公害和开发公害这六类。当公害事实确定后,受害者的诉求范围会非常宽泛,包括赔偿实际损失、停止侵害行为、赔偿预期可能的损失。经过几十年的发展,日本建立了健全、成熟、快捷的环境权益维护制度,同时,形成了生态环境保育理念、先进的环境管理制度和全民环境维权意识,除强大的司法救济途径(包括民事诉讼、刑事诉讼、行政诉讼)外,还形成了独具特色的公害行政救济途径。

日本的环境损害健康赔偿体系分为特异性疾病患者健康赔偿救济体系、非特异性疾病患者健康赔偿救济体系以及石棉致疾病患者赔偿救济体系。特异性和非特异性疾病的判定流程为:首先由受害人提出申请,通过医学检查、医学专家复审、政府做出最终裁决等方式进行鉴定,通过鉴定后根据《与污染相关的健康损害的赔偿和防治法》进行损害赔偿。对于非特异性疾病而言,赔偿费用包括实际发生的医疗救治费用和生活补偿费、公害保健福利费以及事务费;对于特异性疾病而言,《公害健康被害补偿法》只负责认定,具体补偿办法由责任企业与受害团体协商或签订协议。

1.2.2　我国生态环境损害鉴定评估发展历程

中国的环境损害相关立法和实践主要关注环境私益损害的评估与赔偿,正处于向环境公益损害的主张和求偿过渡的初期阶段。在中国近 30 年颁布的各项法规中,如《中华人民共和国民法通则》(1987 年)、《中华人民共和国环境保护法》(1989 年)、《中华人民共和国刑法》(1997 年)修订、《中华人民共和国水污染防治法》(2008 年)以及《中华人民共和国侵权责任法》(2010 年),都仅对环境污染造成私益损害的责任进行了较为原则性的规定,只有 2004 年颁布的《中华人民共和国海洋环境保护法》对排污造成的海洋生态环境损害做出了明确规定(见表 1.1)。从 2000 年起,中国的农业、渔业、海洋等管理部门开始针对环境污染造成损害的评估陆续发布相关技术文件。

中共十八届三中全会提出严格实行生态环境损害赔偿制度后,环境损害司法鉴定制度开始走进公众视野。为保障该制度顺利实施,国家和相关职能部门在发展实践中不断探索,颁布实施了一系列管理规定。

2015 年 12 月,《生态环境损害赔偿制度改革试点方案》发布,在山东、江苏等 7 个省(市)开展试点工作,为初步构建生态环境损害赔偿制度奠定了基础。随后,最高人民法院、最高人民检察院、司法部发布《关于将环境损害司法鉴定纳入统一登记管理范围的通知》,司法部、环境保护部发布《关于规范环境损害司法鉴定管理工作的通知》,将环境损害鉴定评估工作纳入司法鉴定程序进行规范管理。

2016 年 6 月,环境保护部发布《生态环境损害鉴定评估技术指南　总纲》和《生态环境损害鉴定评估技术指南 损害调查》,2018 年 12 月发布《生态环境损害鉴定评估技术指南 土壤与地下水》,这三个技术指南从技术层面对生态环境损害鉴定评估、损害调查以及涉及土壤与地下水生态环境损害鉴定评估的原则、程序、内容和技术要求等做出详细规定。

2016 年 10 月,司法部与环境保护部发布《环境损害司法鉴定机构登记评审办法》《环境损害司法鉴定机构登记评审专家库管理办法》,对鉴定机构和鉴定人的资质条件做出具体规定。

2016 年 11 月,司法部与环境保护部发布《关于公开遴选全国环境损害司法鉴定机构登记评审专家库专家的通知》《关于环境损害司法鉴定机构登记评审专家库建设有关事项的通知》。经过严格筛选,有 298 人进入国家专家库,并启用国家专家库信息平台。通知中也明确了各地建库标准和专家库的使用办法。

2017 年 12 月,《生态环境损害赔偿制度改革方案》正式发布,自 2018 年 1 月 1 日起,生态环境损害赔偿制度正式推广到全国范围。

2018 年 6 月,司法部、生态环境部发布《环境损害司法鉴定机构登记评审细则》,详细规定了鉴定机构评审程序、能力要求、具体评分的标准和硬件配置标准,严格界定了鉴定机构准入标准和鉴定人资格要求,进一步规范了对鉴定机构和鉴定人的管理,以保障司法鉴定质量的不断提升。

以上规章制度的出台,推动了我国环境损害司法鉴定制度在顶层设计、严格准入、专业支撑和标准建设等各个方面的快速发展。

表 1.1　中国生态环境损害鉴定评估发展历程

时间	法律法规	相关内容
1987 年	《中华人民共和国民法通则》	违反国家保护环境防止污染的规定,污染环境造成他人损害的,应当依法承担民事责任
1989 年	《中华人民共和国环境保护法》	造成环境污染危害的,有责任排除危害并对直接受到损害的单位或个人赔偿损失
1997 年	《中华人民共和国刑法》修订	增加了破坏环境资源保护罪的内容
1999 年	《中华人民共和国海洋环境保护法》修订	造成海洋环境污染损害的责任者,应当排除危害,并赔偿损失
2000 年	《渔业污染事故调查鉴定资格管理办法》	农业部针对渔业污染事故损害评估而发布的相关技术文件
2004 年	《中华人民共和国野生动物保护法》修订	明确了因污染环境造成野生动物损害的调查处理办法

续表

时间	法律法规	相关内容
2007 年	《海洋溢油生态损害评估技术导则》(HY/T 095—2007)	对海洋环境污染造成的生态环境损害量化评估方法进行了规定
	《农业环境污染事故损失评价技术准则》(NY/T 1263—2007)	对农业环境污染事故损害评估做出了原则性的规定，评估范围、评估主体和工作程序还缺乏配套规定
2008 年	《中华人民共和国水污染防治法》修订	因水污染受到损害的当事人,有权要求排污方排除危害和赔偿损失
	《渔业污染事故经济损失计算方法》(GB/T 21678—2008)	对水域污染渔业养殖和天然鱼类损害的评估技术作了明确规定
2009 年	《山东省海洋生态损害赔偿和损失补偿评估方法》(DB37/T 1448—2009)	对海洋环境污染造成的生态环境损害量化评估方法进行了规定
2010 年	《中华人民共和国侵权责任法》	因污染环境造成损害的,污染者应承担侵权责任
2011 年	《关于开展环境污染损害鉴定评估工作的若干意见》	尝试启动环境损害评估工作
	《环境污染损害数额计算推荐方法》(第Ⅰ版)	
2012 年	全国环境保护工作会议	周生贤部长要求环境保护主管部门初步形成环境污染损害鉴定评估工作能力。全国环境应急管理工作更是突出强调要在处置突发环境事件时,开展环境污染损害鉴定评估,将评估作为事件定级和调查处理的重要依据
2013 年	《突发环境事件应急处置阶段污染损害评估工作程序规定》	规范突发环境事件应急处置阶段污染损害评估工作,及时确定事件级别
	《最高人民法院、最高人民检察院关于办理环境污染刑事案件适用法律若干问题的解释》	依法惩治有关环境污染犯罪

续表

时间	法律法规	相关内容
2014 年	《中华人民共和国环境保护法》修订	第 47 条(突发环境事件损害评估)、第 48 条(环境公益诉讼)、第 64 条(环境损害责任追究)、第 65 条(环境咨询服务机构的责任追究)、第 66 条(诉讼时效),均对环境污染损害鉴定评估工作进行了相关规定
	《环境损害鉴定评估推荐方法(第 II 版)》	
2015 年	《关于规范环境损害司法鉴定管理工作的通知》	司法部、环保部联合印发,就环境损害司法鉴定实行统一登记管理和规范管理环境损害司法鉴定工作做出明确规定
2016 年	《关于将环境损害司法鉴定纳入统一登记管理范围的通知》	最高人民法院、最高人民检察院、司法部联合印发,就环境损害司法鉴定实行统一登记管理和规范管理环境损害司法鉴定工作做出明确规定

1.3 生态环境损害鉴定评估意义

生态环境损害指因环境污染、生态破坏造成大气、地表水、地下水、土壤等环境要素和植物、动物、微生物等生物要素的不利改变,及由上述要素构成的生态系统功能的退化。

生态环境损害鉴定评估,指鉴定评估机构按照规定的程序和方法,综合运用科学技术和专业知识,调查环境污染、生态破坏行为与生态环境损害情况,分析环境污染或生态破坏行为与生态环境损害间的因果关系,评估环境污染或生态破坏行为所导致的生态环境损害的范围和程度,确定生态环境恢复至基线并补偿期间损害的恢复措施,量化生态环境损害数额的过程。

1.3.1 理论意义

从跨学科角度看,生态环境损害鉴定评估不仅涉及环境法学等社会科学领域,还涉及环境科学、环境工程学、环境经济学和生态学等专业性强的自然科学技术领域,有利于多学科的融合。从研究内容上看,环境损害鉴定评估制度对构建完整的生态环境保护法律框架和规则体系有极大的帮助,同时丰富了我国的司法鉴定制度,有利于解决我国长期以来环境损害鉴定评估工作法律地位不明晰、技术规范缺乏或者不统一的问题。从法学理论的研究来看,环境损害司法鉴定评估制度为环境公益诉讼理论和侵权理论的发展提供了支撑。

1.3.2 现实意义

生态环境损害鉴定评估制度通过法律的形式进行确认、规范和保障,弥补了环境损害鉴定评估专门化法律法规的缺位,为各方开展环境保护工作和环境损害赔偿工作提供了法律依据。实现生态环境损害鉴定评估制度的统一立法是构建环境损害鉴定评估技术体系的基础,也是完善生态环境损害鉴定的管理制度的前提条件,更是明确生态环境损害鉴定的资金来源的立法保障。这有利于解决生态环境损害鉴定机构资质参差不齐、鉴定评估标准不一致和鉴定意见公信力不足等现实问题。

1.3.2.1 开展生态环境损害鉴定评估工作是应对环境挑战的迫切需要

当前,我国面临的环境形势依然十分严峻。随着我国工业化、城镇化的快速发展,严重的环境问题在我国已集中显现,环境保护工作正面临前所未有的压力和挑战。而我国有关环境方面的法律不完善以及环境污染损害鉴定评估机制的缺失,影响了污染者负担原则的有效落实,不符合我国目前的环境形势及其对环境保护工作的要求。开展生态环境损害鉴定评估工作,全面追究污染者的环境责任,是切实落实污染者负担原则、有效应对环境挑战的迫切需要。

1.3.2.2 开展生态环境损害鉴定评估工作是促进经济发展方式转变的重要举措

目前,在我国环境管理实践中对私益环境损害的赔偿远不能足额到位,对公益环境损害的赔偿更是很少涉及。开展生态环境损害鉴定评估工作,将环境污染损害定量化,把污染修复与生态恢复费用纳入环境损害赔偿范围,科学、合理确定损害赔偿数额与行政罚款数额,有助于真实体现企业生产的环境成本,强化企业环境责任,增强企业的环境风险意识,从而在根本上解决"违法成本低,守法成本高"的突出问题,改变以牺牲环境为代价的经济增长方式。

1.3.2.3 开展生态环境损害鉴定评估工作是优化环境行政管理方式的有效手段

优化环境行政管理方式是探索中国环境保护新道路的前提。开展生态环境损害鉴定评估工作,使环境行政处罚与污染者造成的实际环境损害和获取的收益挂钩,可以推动环境行政管理从粗放型向精细化转变,深化环境责任保险、绿色信贷、生态补偿等环境经济政策体系的创新,有助于加速环境风险防范、环境应急处置等环境行政管理水平的提升。

1.3.2.4 开展生态环境损害鉴定评估工作是推进环境司法深入开展的技术保障

我国现行法律法规对环境污染损害行为的行政责任、民事责任和刑事责任都做出了原则性规定,但由于缺乏具体可操作的评估技术规范和管理机制,环境污染案件在审理时仍存在许多技术难题。开展生态环境损害鉴定评估工作,研究建立环境污染损害鉴定评估技术规范和工作机制,可以为审理环境污染案件提供专业技术支持,将有助于推动环境司法的深入开展,切实维护群众合法环境权益,依法严厉惩治环境违法犯罪行为。

第 2 章 法律法规

与生态环境损害鉴定评估相关的通用法律有 40 部：宪法、环境保护法、水土保持法、畜牧法、农业法、渔业法、节约能源法、可再生能源法、国家赔偿法、劳动合同法、刑事诉讼法、行政强制法、生产安全法、产品质量法等。

与生态环境保护相关的法规有 60 项：《关于加强自然保护区管理有关问题的通知》《国务院关于加强环境保护重点工作的意见》《危险废物出口核准管理办法》《国家危险废物目录》《环境影响评价公众参与办法》《生态环境统计管理办法》等。

生态环境监测监察相关法规 19 项：《全国环境监测管理条例》《污染源自动监控设施运行管理办法》《关于开展排放口规范化整治工作的通知》《关于实施环境监察人员六不准的通知》《环保举报热线工作管理办法》《环境行政执法后督察办法》等。

与生态环境损害经济惩处与执法相关的法规有 25 项：《关于加强上市公司环境保护监督管理工作的指导意见》《罚款决定与罚款收缴分离实施办法》《关于共享企业环保信息有关问题的通知》《关于加强出口企业环境监管的通知》《排污费征收工作稽查办法》《关于排污费征收核定有关工作的通知》等。

与生态环境损害执法相关的法规有 34 项：《全国环保系统六项禁令》《环境行政复议办法》《企业事业单位环境信息公开办法》《环境保护违法违纪行为处分暂行规定》《环境行政处罚办法》《司法部环境保护部关于规范环境损害鉴定管理工作的通知》等。

生态环境保护工业污染物排放标准 24 项：《石油炼制工业污染物排放标准》（GB 31570—2015）、《铁合金工业污染物排放标准》（GB 28666—2012）、《硫酸工业污染物排放标准》（GB 26132—2010）、《铝工业污染物排放标准》（GB 25465—2010）、《合成树脂工业污染物排放标准》（GB 31572—2015）、《炼焦化学工业污染物排放标准》（GB 16171—2012）等。

生态环境保护清洁生产标准 23 项：《清洁生产标准 铁矿采选业》（HJ/T 294—2006）、《清洁生产标准 氮肥制造业》（HJ/T 188—2006）、《清洁生产标准 纺织业（棉印染）》（HJ/T 185—2006）、《清洁生产标准 味精工业》（HJ 444—2008）、《清洁生产标准 淀粉工业》(HJ 445—2008)、《清洁生产标准 煤炭采选业》(HJ 446—2008)等。

生态环境保护工程规划设计标准 11 项:《城市污水再生回灌农田安全技术规范》(GB/T 22103—2008)、《畜禽养殖污水贮存设施设计要求》(GB/T 26624—2011)、《铜选矿厂废水回收利用规范》(GB/T 29773—2013)、《国家生态工业示范园区标准》(HJ 274—2015)、《输油管道工程设计规范》(GB 50253—2014)、《室外排水设计标准》(GB 50014—2021)等。

2.1　国家相关政策和法律

2.1.1　相关法律法规

(1)《中华人民共和国环境保护法》(自 2015 年 1 月 1 日起施行);

(2)《中华人民共和国固体废物环境污染防治法》(2020 年 4 月 29 日修订);

(3)《中华人民共和国水污染防治法》(自 2018 年 1 月 1 日起施行);

(4)《中华人民共和国土壤污染防治法》(自 2019 年 1 月 1 日起施行)。

2.1.2　相关政策规定

(1)《关于做好山东省建设用地污染地块再开发利用管理工作的通知》(鲁环发〔2019〕129 号);

(2)《关于印发近期土壤环境保护和综合治理工作安排的通知》(国发〔2013〕7 号);

(3)《水污染防治行动计划》(国发〔2015〕17 号);

(4)《土壤污染防治行动计划》(国发〔2016〕31 号);

(5)《污染地块土壤环境管理办法(试行)》(环保部令第 42 号);

(6)《关于切实做好企业搬迁过程中环境污染防治工作的通知》(环办〔2004〕47 号);

(7)《山东省土壤污染防治工作方案》(鲁政发〔2016〕37 号);

(8)《山东省土壤环境保护和综合治理工作方案》(鲁环发〔2014〕126 号)。

2.2　土壤与地下水污染防治导则与指南

(1)《建设用地土壤污染状况调查技术导则》(HJ 25.1—2019);

(2)《建设用地土壤污染风险管控和修复监测技术导则》(HJ 25.2—2019);

(3)《建设用地土壤污染风险评估技术导则》(HJ 25.3—2019);

(4)《建设用地土壤修复技术导则》(HJ 25.4—2019);

(5)《污染地块风险管控与土壤修复效果评估技术导则》(HJ 25.5—2018);

(6)《污染地块地下水修复和风险管控技术导则》(HJ 25.6—2019);

(7)《建设用地土壤环境调查评估技术指南》;

(8)《地下水环境状况调查评价工作指南》;

(9)《地下水污染防治分区划分工作指南》;

(10)《地下水污染模拟预测评估工作指南》;

(11)《污染场地土壤和地下水调查与风险评价规范》(DD 2014—06);

(12)《土壤环境质量 建设用地土壤污染风险管控标准(试行)》(GB 36600—2018);

(13)《土壤环境质量 农用地土壤污染风险管控标准(试行)》(GB 15618—2018);

(14)《地下水质量标准》(GB/T 14848—2017);

(15)《土壤环境监测技术规范》(HJ/T 166—2004);

(16)《地下水环境监测技术规范》(HJ/T 164—2020);

(17)《全国土壤污染状况调查土壤样品采集(保存)技术规定》;

(18)《生活饮用水卫生标准》(GB 5749—2022)。

2.3 《中华人民共和国土壤污染防治法》相关条例

第三十五条

土壤污染风险管控和修复,包括土壤污染状况调查和土壤污染风险评估、风险管控、修复、风险管控效果评估、修复效果评估、后期管理等活动。

第三十六条

实施土壤污染状况调查活动,应当编制土壤污染状况调查报告。土壤污染状况调查报告应当主要包括地块基本信息、污染物含量是否超过土壤污染风险管控标准等内容。污染物含量超过土壤污染风险管控标准的,土壤污染状况调查报告还应当包括污染类型、污染来源以及地下水是否受到污染等内容。

第三十七条

实施土壤污染风险评估活动,应当编制土壤污染风险评估报告。土壤污染风险评估报告应当主要包括下列内容:(一)主要污染物状况;(二)土壤及地下水污染范围;(三)农产品质量安全风险、公众健康风险或者生态风险;(四)风险管控、修复的目标和基本要求等。

第三十八条

实施风险管控、修复活动,应当因地制宜、科学合理,提高针对性和有效性。实施风险管控、修复活动,不得对土壤和周边环境造成新的污染。

第三十九条

实施风险管控、修复活动前,地方人民政府有关部门有权根据实际情况,要求土壤污染责任人、土地使用权人采取移除污染源、防止污染扩散等措施。

第四十条

实施风险管控、修复活动中产生的废水、废气和固体废物,应当按照规定进行处理、处置,并达到相关环境保护标准。实施风险管控、修复活动中产生的固体废物以及拆除的设施、设备或者建筑物、构筑物属于危险废物的,应当依照法律法规和相关标准的要求进行处置。修复施工期间,应当设立公告牌,公开相关情况和环境保护措施。

第四十一条

修复施工单位转运污染土壤的,应当制定转运计划,将运输时间、方式、线路和污染土壤数量、去向、最终处置措施等,提前报所在地和接收地生态环境主管部门。转运的污染土壤属于危险废物的,修复施工单位应当依照法律法规和相关标准的要求进行处置。

第四十二条

实施风险管控效果评估、修复效果评估活动,应当编制效果评估报告。效果评估报告应当主要包括是否达到土壤污染风险评估报告确定的风险管控、修复目标等内容。风险管控、修复活动完成后,需要实施后期管理的,土壤污染责任人应当按照要求实施后期管理。

第四十三条

从事土壤污染状况调查和土壤污染风险评估、风险管控、修复、风险管控效果评估、修复效果评估、后期管理等活动的单位,应当具备相应的专业能力。受委托从事前款活动的单位对其出具的调查报告、风险评估报告、风险管控效果评估报告、修复效果评估报告的真实性、准确性、完整性负责,并按照约定对风险管控、修复、后期管理等活动结果负责。

第四十四条

发生突发事件可能造成土壤污染的,地方人民政府及其有关部门和相关企业事业单位以及其他生产经营者应当立即采取应急措施,防止土壤污染,并依照本法规定做好土壤污染状况监测、调查和土壤污染风险评估、风险管控、修复等工作。

第四十五条

土壤污染责任人负有实施土壤污染风险管控和修复的义务。土壤污染责任人无法认定的,土地使用权人应当实施土壤污染风险管控和修复。地方人民政府及其有关部门可以根据实际情况组织实施土壤污染风险管控和修复。国家鼓励和支持有关当事人自愿实施土壤污染风险管控和修复。

2.4　地下水污染防治相关管理条例

（1）《中华人民共和国水污染防治法》

第二条

本法适用于中华人民共和国领域内的江河、湖泊、运河、渠道、水库等地表水体以及地下水体的污染防治。

第二十七条

国务院有关部门和县级以上地方人民政府开发、利用和调节、调度水资源时，应当统筹兼顾，维持江河的合理流量和湖泊、水库以及地下水体的合理水位，保障基本生态用水，维护水体的生态功能。

第三十二条

国务院环境保护主管部门应当会同国务院卫生主管部门，根据对公众健康和生态环境的危害和影响程度，公布有毒有害水污染物名录，实行风险管理。排放前款规定名录中所列有毒有害水污染物的企业事业单位和其他生产经营者，应当对排污口和周边环境进行监测，评估环境风险，排查环境安全隐患，并公开有毒有害水污染物信息，采取有效措施防范环境风险。

第四十条

化学品生产企业以及工业集聚区、矿山开采区、尾矿库、危险废物处置场、垃圾填埋场等的运营、管理单位，应当采取防渗漏等措施，并建设地下水水质监测井进行监测，防止地下水污染。加油站等的地下油罐应当使用双层罐或者采取建造防渗池等其他有效措施，并进行防渗漏监测，防止地下水污染。禁止利用无防渗漏措施的沟渠、坑塘等输送或者存贮含有毒污染物的废水、含病原体的污水和其他废弃物。

第四十一条

多层地下水的含水层水质差异大的，应当分层开采；对已受污染的潜水和承压水，不得混合开采。

第四十二条

兴建地下工程设施或者进行地下勘探、采矿等活动，应当采取防护性措施，防止地下水污染。报废矿井、钻井或者取水井等，应当实施封井或者回填。

第四十三条

人工回灌补给地下水，不得恶化地下水质。

第五十八条

农田灌溉用水应当符合相应的水质标准,防止污染土壤、地下水和农产品。禁止向农田灌溉渠道排放工业废水或者医疗污水。向农田灌溉渠道排放城镇污水以及未综合利用的畜禽养殖废水、农产品加工废水的,应当保证其下游最近的灌溉取水点的水质符合农田灌溉水质标准。

(2)《地下水管理条例》

第三十九条

国务院生态环境主管部门应当会同国务院水行政、自然资源等主管部门,指导全国地下水污染防治重点区划定工作。省、自治区、直辖市人民政府生态环境主管部门应当会同本级人民政府水行政、自然资源等主管部门,根据本行政区域内地下水污染防治需要,划定地下水污染防治重点区。

第四十条

禁止下列污染或者可能污染地下水的行为:(一)利用渗井、渗坑、裂隙、溶洞以及私设暗管等逃避监管的方式排放水污染物;(二)利用岩层孔隙、裂隙、溶洞、废弃矿坑等贮存石化原料及产品、农药、危险废物、城镇污水处理设施产生的污泥和处理后的污泥或者其他有毒有害物质;(三)利用无防渗漏措施的沟渠、坑塘等输送或者贮存含有毒污染物的废水、含病原体的污水和其他废弃物;(四)法律、法规禁止的其他污染或者可能污染地下水的行为。

第四十一条

企业事业单位和其他生产经营者应当采取下列措施,防止地下水污染:(一)兴建地下工程设施或者进行地下勘探、采矿等活动,依法编制的环境影响评价文件中,应当包括地下水污染防治的内容,并采取防护性措施;(二)化学品生产企业以及工业集聚区、矿山开采区、尾矿库、危险废物处置场、垃圾填埋场等的运营、管理单位,应当采取防渗漏等措施,并建设地下水水质监测井进行监测;(三)加油站等的地下油罐应当使用双层罐或者采取建造防渗池等其他有效措施,并进行防渗漏监测;(四)存放可溶性剧毒废渣的场所,应当采取防水、防渗漏、防流失的措施;(五)法律、法规规定应当采取的其他防止地下水污染的措施。根据前款第二项规定的企业事业单位和其他生产经营者排放有毒有害物质情况,地方人民政府生态环境主管部门应当按照国务院生态环境主管部门的规定,商有关部门确定并公布地下水污染防治重点排污单位名录。地下水污染防治重点排污单位应当依法安装水污染物排放自动监测设备,与生态环境主管部门的监控设备联网,并保证监测设备正常运行。

第四十二条

在泉域保护范围以及岩溶强发育、存在较多落水洞和岩溶漏斗的区域内,不得新建、改建、扩建可能造成地下水污染的建设项目。

第四十三条

多层含水层开采、回灌地下水应当防止串层污染。多层地下水的含水层水质差异大的,应当分层开采;对已受污染的潜水和承压水,不得混合开采。已经造成地下水串层污染的,应当按照封填井技术要求限期回填串层开采井,并对造成的地下水污染进行治理和修复。人工回灌补给地下水,应当符合相关的水质标准,不得使地下水水质恶化。

第四十四条

农业生产经营者等有关单位和个人应当科学、合理使用农药、肥料等农业投入品,农田灌溉用水应当符合相关水质标准,防止地下水污染。县级以上地方人民政府及其有关部门应当加强农药、肥料等农业投入品使用指导和技术服务,鼓励和引导农业生产经营者等有关单位和个人合理使用农药、肥料等农业投入品,防止地下水污染。

第四十五条

依照《中华人民共和国土壤污染防治法》的有关规定,安全利用类和严格管控类农用地地块的土壤污染影响或者可能影响地下水安全的,制定防治污染的方案时,应当包括地下水污染防治的内容。污染物含量超过土壤污染风险管控标准的建设用地地块,编制土壤污染风险评估报告时,应当包括地下水是否受到污染的内容;列入风险管控和修复名录的建设用地地块,采取的风险管控措施中应当包括地下水污染防治的内容。对需要实施修复的农用地地块,以及列入风险管控和修复名录的建设用地地块,修复方案中应当包括地下水污染防治的内容。

第3章 生态环境损害鉴定评估主要技术环节及与环境损害司法鉴定的区别

3.1 生态环境损害鉴定评估程序

生态环境损害鉴定评估工作包括鉴定评估准备、生态环境损害调查、因果关系分析、生态环境损害实物量化、生态环境损害价值量化、报告编制和生态环境恢复效果评估。鉴定评估实践中,应根据鉴定评估委托事项开展相应的工作,可根据鉴定委托事项适当简化工作程序。必要时,针对生态环境损害鉴定评估中的关键问题,开展专题研究。生态环境损害鉴定评估基本工作程序见图 3.1。

生态环境损害鉴定评估的工作程序包括:

(1)鉴定评估准备。通过资料收集分析、现场踏勘、走访座谈、文献查阅、问卷调查等方式,掌握污染环境和破坏生态行为以及生态环境损害的基本情况和主要特征,确定生态环境损害鉴定评估的内容和范围,筛选特征污染物、评估指标和评估方法,编制鉴定评估工作方案。

(2)损害调查确认。根据生态环境损害鉴定评估工作方案,组织开展污染环境和破坏生态行为以及生态环境损害状况调查或相关资料收集。进行生态环境损害调查应编制调查方案,明确生态环境损害调查的目标、内容、方法、质量控制和质量保证措施,并进行专家论证。

(3)因果关系分析。基于污染环境、破坏生态行为和生态环境损害事实的调查结果,分析污染环境或破坏生态行为与生态环境损害之间是否存在因果关系。

(4)损害实物量化。对比受损生态环境状况与基线的差异,确定生态环境损害的范围和程度,计算生态环境损害实物量。

(5)损害价值量化。选择替代等值分析方法,编制并比选生态环境恢复方案,估算恢复工程量和工程费用,或采用环境价值评估方法,计算生态环境损害数额。

(6)评估报告编制。编制生态环境损害鉴定评估报告(意见)书,同时建立完整的鉴定评估工作档案。

（7）恢复效果评估。跟踪生态环境损害基本恢复和补偿性恢复的实施情况,开展必要的调查和监测,评估生态环境恢复措施的效果是否达到预期目标,确定是否需要开展补充性恢复。

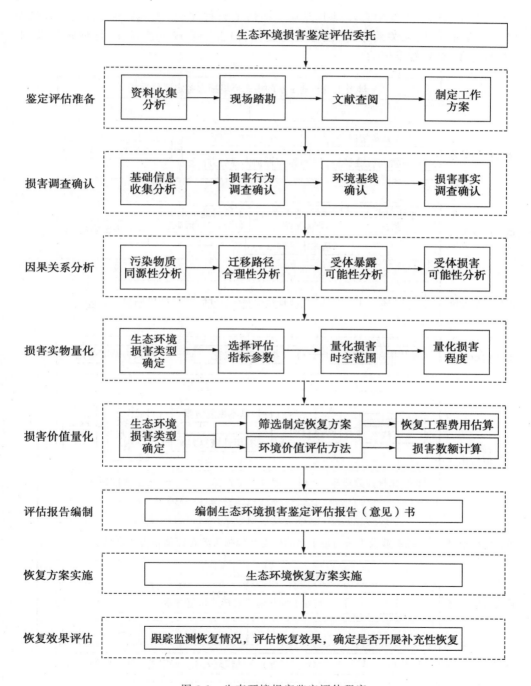

图 3.1　生态环境损害鉴定评估程序

3.2 土壤与地下水生态环境损害鉴定评估主要技术环节

涉及土壤与地下水的生态环境损害鉴定评估工作程序（见图 3.2）包括：鉴定评估准备、损害调查确认、因果关系分析、损害实物量化、损害恢复或价值量化、评估报告编制、恢复方案实施、恢复效果评估。

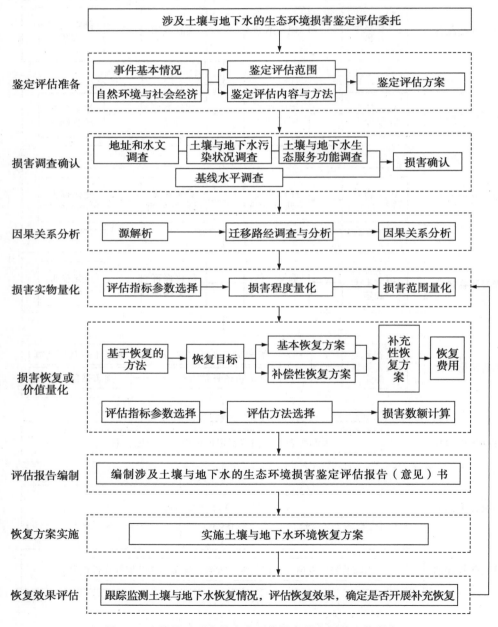

图 3.2 土壤及地下水的生态环境损害鉴定评估工作程序

3.2.1　鉴定评估准备

通过资料收集分析、文献查阅、走访座谈、问卷调查、现场踏勘、现场快速检测等方式,掌握涉及土壤与地下水的生态环境损害的基本情况,了解评估区的自然环境与社会状况,初步判断土壤与地下水可能的受损范围,明确涉及土壤与地下水的生态环境损害鉴定评估工作的主要内容,研究确定每一步评估工作要采用的具体方法,编制鉴定评估工作方案。

3.2.1.1　基本情况调查

(1)分析或查明污染来源、生产历史、生产工艺和污染物产生环节、位置,污染物堆放和处置区域,历史污染事故及其处理情况;对于突发环境事件,应查明事件发生的时间、地点,可能产生的污染物的类型和性质、排放量(体积、质量),污染物浓度等资料和情况。

(2)污染物的排放方式、排放时间、排放频率、排放去向,特征污染物的类别、浓度,可能产生的二次污染物的类别、浓度等资料和情况;污染源排放的污染物进入外环境生成的次生污染物的种类、数量和浓度等信息;受破坏林地、耕地、草地、湿地等生态系统的自然状态,以及污染物伤害动植物的时间、方式和过程等信息。

(3)与污染物清理、防止污染扩散等控制措施的实施相关的资料和情况,包括实施过程、实施效果、费用等相关信息。

(4)监测工作开展情况及监测数据。

(5)可能开展代替恢复区域的生态环境损害现状和可恢复性。

3.2.1.2　自然环境与社会经济信息收集

调查收集评估区域的自然环境信息,具体包括:

(1)地形地貌、水文、气候气象资料;

(2)地质和水文地质资料;

(3)土地和地下水利用的历史、现状和规划信息;

(4)已有地下水井的分布情况;

(5)土壤与地下水历史监测资料;

(6)居民区、饮用水水源地、生态保护红线、自然保护区、湿地、风景名胜区等环境敏感区分布信息以及主要生物资源的分布状况;

(7)厂矿、水库、构筑物、沟渠、地下管网、渗坑及其他面源污染等的分布情况。

收集评估区域的社会经济信息,具体包括:

(1)经济和主要产业的现状和发展状况;

(2)地方法规、政策与标准等相关信息;

(3)人口、交通、基础设施、能源和水资源供给等信息。

3.2.1.3　工作方案制定

根据所掌握的损害情况和所收集到的自然环境信息与社会信息,初步判断土壤与地下水环境及其生态服务功能可能的受损范围。必要时可结合遥感图、影像图进行辅助判断,或利用现有监测数据进行污染物空间分布模拟。缺乏具有时效性的监测数据时,建立区域或场地概念模型进行推演,确定损害范围。

根据损害的基本情况以及鉴定评估委托事项,明确要开展的损害鉴定评估工作内容,设计工作程序,通过调研、专项研究、专家咨询等方式,确定每项鉴定评估工作的具体方法,编制评估工作方案。

3.2.2　损害调查确认

按照评估工作方案的要求,参照《水文地质调查规范(1∶50000)》(DZ/T 0282—2015)等相关规范性文件,开展地质和水文地质调查。掌握土壤性质、地层岩性及构造分布、地下水赋存条件、地下水循环等关键信息,明确污染物的迁移扩散条件。在此基础上,针对事件特征开展土壤与地下水布点采样分析,确定土壤与地下水污染状况,并对土壤与地下水的生态服务功能开展调查。同时,通过历史数据查询、对照区调查、标准比选等方式,确定土壤与地下水环境及其生态服务功能的基线水平,通过对比判断土壤与地下水环境及其生态服务功能是否受到损害。

3.2.2.1　地质和水文地质调查

(1)调查目的

地质和水文地质调查的目的在于了解调查区土壤性质、地层岩性分布、构造发育、地下水类型、含水层分布、地下水补径排条件等情况,获取地质信息及关键水文地质参数,判断污染物在土壤和含水层中的迁移扩散条件,为土壤与地下水污染状况调查奠定基础,并为土壤与地下水环境及其生态服务功能受损情况的量化提供依据。

(2)调查原则

①充分利用现有资料。根据现有资料,初步了解调查区地质及水文地质信息,重点

关注已有水井资料,初步识别评估区或区域含水层分布、地下水流场、地下水补径排信息。现有资料不足时,开展进一步调查。

②兼顾区域和评估区水文地质条件开展调查。应以评估区为重点调查区,获得评估区所在区域地质及水文地质资料,根据区域资料初步判断评估区地质和水文地质信息,兼顾局部变化带来的影响。区域资料不能满足调查需要时,使用钻探、物探和相关试验等手段有针对性地开展评估区地质和水文地质调查工作。

(3)调查方法

①资料收集

进一步收集调查区域地质图、钻孔柱状图、地质剖面图、地质构造图、水文地质图等相关资料,识别调查区地层岩性及其分布情况、基岩裂隙发育情况,掌握调查区地下水赋存条件、含水层分布(埋深、厚度、岩性)、水文地质单元划分、地下水补径排条件及关键水文地质参数。

②现状调查

收集已建水井的建井资料,了解井深、井结构、建井材料性质、滤水管分布等信息,根据含水层结构特征,对已建水井开展水位统测,掌握不同含水岩组地下水埋深、地下水流向。如果已建水井结构、数量和位置满足条件,还可利用其开展水文地质试验,获取关键水文地质参数。利用已建水井开展水位统测、水质监测时,应注意排除存在建井记录不完整、封井不严等问题的水井。

③钻探、物探和试验

对损害范围疑似较大、需要初步查明近地表地层介质及特殊构造分布、不便大范围开展钻探工作的情况,优先选择物探手段对区域进行识别,确定重点调查区,指导后续的钻探或水文地质试验工作。通过钻探验证或进一步确定重点调查区关注问题,如查明裂隙分布以确定污染物迁移的优先通道,通过水文地质试验查明渗透性异常区,以获取局部污染物迁移速率、分布情况突变原因等信息。

对损害范围疑似较小、需详细查明污染物分布特征、有条件开展详细钻探调查工作的情况,应充分利用调查区所在区域已有水文地质调查数据、物探结果等资料,并根据需要在重点关注点位开展钻探或水文地质试验工作,获取重点调查区地下水赋存条件、含水层分布、地下水补径排条件及重要水文地质参数。

当单一技术手段不足以完成损害评估调查工作时,需综合应用多种技术手段。无法判断基岩裂隙分布时,可以采用物探和钻探相结合的方法查明基岩裂隙分布情况。同时,可利用土壤钻探和地下水监测井钻探过程中的钻孔记录确定地层岩性及其分布状况,利用地下水监测井开展水文地质试验。

3.2.2.2 土壤与地下水污染状况调查

（1）特征污染物识别与选取

对于污染源明确的情况,通过现场踏勘、资料收集和人员访谈,根据生产工艺、行业特征、调查区域环境条件、污染物性质和转化规律等进行综合分析,识别并选取特征污染物。

对于污染源不明的情况,通过对采集样品的定性和定量分析,筛选特征污染物。特征污染物的筛选应结合调查区域特征,优先选择我国环境质量相关标准中规定的物质。对于检测到的在相关环境质量标准中没有提及的物质,应通过查询国外相关标准、研究成果,必要时结合相关实验测试,评估其危害,确定是否将其作为特征污染物。

（2）调查方法

初步调查阶段,以现场快速检测为主,实验室分析为辅。进行样品快速检测的同时保存不少于20%的样品,以备复查。

详细调查阶段,开展系统的布点、采样工作。

（3）点位布设

对于疑似损害范围较小或污染物迁移扩散范围相对较小的情况,可根据污染发生的位置、污染物的排放量、土壤与地下水环境及其生态服务功能受损情况以及区域水文地质条件,判断污染物可能的迁移扩散范围,或土壤与地下水环境及其生态服务功能受损区域,在该区域合理布设土壤与地下水调查点位,进行采样分析。采样布点可以参考《建设用地土壤污染状况调查技术导则》(HJ 25.1—2019)和《建设用地土壤污染风险管控和修复监测技术导则》(HJ 25.2—2019)。通常接近污染发生点的位置点位密集,远离污染发生点的位置点位相对稀疏;表层点位间隔小,深层点位间隔大。

对于疑似损害范围较大或污染物迁移扩散范围相对较大的情况,若无法对受损害区域的污染分布进行初步判断,可采用系统布点法,识别出受损害区域或污染分布区域后使用分区布点法或专业判断布点法有针对性地进行调查;若根据前期资料收集、分析与初步勘察结果,可识别疑似受损害区域,则将该区域作为重点调查区域。对于土壤,应在疑似受损害区域加密布点,确定损害范围和程度;对于地下水,应综合考虑地下水流向、水力坡降、含水层渗透性、埋深和厚度等水文地质条件及污染源和污染物迁移转化等因素,在地下水流向上游、地下水可能污染较严重区域、地下水流向下游分别布设监测点位。若涉及大气和地表水污染造成土壤与地下水污染的,布点时应同时考虑风向和地表水流方向。系统布点、分区布点和专业判断布点的方法可参照《建设用地土壤污染状况调查技术导则》(HJ 25.1—2019)、《建设用地土壤污染风险管控和修复监测技术导则》

（HJ 25.2—2019）和《地下水环境状况调查评价工作指南》等相关标准规范。

（4）样品检测

根据选定的特征污染物,分别取土壤与地下水样品,进行检测分析。在评估土壤与地下水环境及其生态服务功能受损情况时,应检测影响其生态服务功能的相关指标,如土壤生物群落及有机质、地下水矿物质含量及酸碱度等指标。土壤与地下水样品采集、保存、流转、分析检测、质量控制方法和要求参照《土壤环境监测技术规范》（HJ/T 166—2004）、《地下水环境监测技术规范》（HJ 164—2020）和《水质样品的保存和管理技术规定》（HJ 493—2009）进行;涉及农用地时,参照《土壤检测》（NY/T 1121）进行。土壤生物群落的调查参照《生物多样性观测技术导则 大中型土壤动物》（HJ 710.10—2014）、《生物多样性观测技术导则 大型真菌》（HJ 710.11—2014）进行。

3.2.2.3　土壤与地下水生态服务功能调查

（1）土壤生态服务功能调查

通过查找土地利用类型图、国土规划资料等方式获取土地使用历史、当前土地利用状况、未来土地利用规划等信息,确定土壤损害发生前、损害期间、恢复期间评估区的土地利用类型,如耕地、园地、林地、草地、商服用地、住宅用地、工矿仓储用地、特殊用地（如旅游景点、自然保护区）等类型。若用地类型为耕地、园地、林地、草地,需查明或计算主要的种植或养殖物类型和产量等信息;若用地类型为商服用地、住宅用地、工矿仓储用地,需查明或计算用地的价值;若用地类型为旅游景点,需查明或计算旅游休闲服务价值;若用地类型为自然保护区,需查明或计算指示性物种的结构与数量等信息。

（2）地下水生态服务功能调查

获取调查区域水资源使用历史、现状和规划信息,查明地下水损害发生前、损害期间、恢复期间评估区地下水的主要生态服务功能类型,如饮用水水源、农业灌溉用水、工业生产用水、居民生活用水、生态用水等供给支持服务,并查明或计算开采量、用水量、水资源价值等信息。

3.2.2.4　基线水平调查

（1）优先使用历史数据作为基线水平

查阅相关历史档案或文献资料,包括针对调查区域开展的常规监测、专项调查、学术研究等过程获得的报告、监测数据、照片、遥感影像、航拍图片等结果,获取能够表征调查区土壤与地下水环境及其生态服务功能历史状况的数据。

（2）以对照区调查数据作为基线水平

如果无法找到能够表征评估区域内土壤与地下水环境质量和生态服务功能历史状况的数据，则选择合适的对照区，进行土壤钻探、地下水监测井建设、采样分析和调查工作，获取对照区土壤与地下水环境质量和生态服务功能状况。对照区所在区域在地理位置、气候条件、地形地貌、生态环境特征、土地利用类型、社会经济条件、生态服务功能等方面应与评估区域类似，其土壤与地下水的物理、化学、生物学性质应与受损害影响的区域类似。地下水的对照点位应位于污染源的地下水流向上游。对照样品的采样深度应尽可能与评估区域内土壤与地下水的采样深度相同。

（3）参考环境质量标准确定基线水平

如果无法获取历史数据和对照区数据，则根据评估区域土地利用方式和地下水使用功能，查找相应的土壤与地下水环境质量标准，包括国家标准、行业标准、地方标准和国外相关标准。如果存在多个适用标准，应该根据评估项目所在地区技术、经济水平和环境管理需求确定选择标准。

（4）开展专项研究确定基线水平

如果无法获取历史数据和对照区数据，且无可用的土壤与地下水环境质量标准，应开展专项研究，如土壤与地下水中污染物的健康风险评估、土壤与地下水中污染物的迁移转化规律研究和模拟、污染物浓度与种群密度和物种丰度等指标之间剂量-效应关系研究、生态服务功能专项调查等工作，以确定土壤与地下水环境及其生态服务功能的基线水平。

3.2.2.5 损害确认

当事件导致以下一种或几种后果时，可以确认造成了土壤与地下水环境及其生态服务功能损害：

（1）调查点位所能代表区域的土壤与地下水中特征污染物的平均浓度超过基线水平 20%；

（2）调查区指示性生物种群数量、密度、结构，群落组成、结构，生物物种丰度等指标与基线相比存在显著统计学差异；

（3）土壤与地下水的其他性质发生改变，导致土壤与地下水不再具备基线状态下的生态服务功能，如土壤的农产品生产功能、地下水的饮用功能等。

根据调查结果确定土壤与地下水环境及其生态服务功能损害的类型，并结合污染源分布、可能的迁移路径、受体特征等，确定不同类型生态环境损害的评估区。

3.2.3 损害因果关系分析

对于污染环境行为导致的损害,结合鉴定评估准备以及损害调查确认阶段获取的信息,进行污染源解析;提出从污染源到受体的迁移路径假设,并对其进行验证;基于污染源解析和迁移路径验证结果,分析污染环境行为与土壤和地下水损害之间是否存在因果关系。对于破坏生态行为导致的损害,分析破坏生态行为导致土壤和地下水环境及其生态服务功能损害的机理,判定破坏生态行为与土壤和地下水环境及其生态服务功能损害之间是否存在因果关系。

3.2.3.1 污染环境行为与损害之间的因果关系分析

结合鉴定评估准备以及损害调查确认阶段获取的损害事件特征、评估区域环境条件、土壤与地下水污染状况等信息,采用必要的技术手段对污染源进行解析;构建概念模型,开展污染介质、载体调查,提出特征污染物从污染源到受体的迁移路径假设,并通过迁移路径的合理性、连续性分析,对迁移路径进行验证;基于污染源解析和迁移路径验证结果,分析污染环境行为与损害之间是否存在因果关系。

(1)污染源解析

在已有污染源调查结果的基础上,通过人员访谈、现场踏勘、空间影像识别等手段和方法,调查潜在的污染源,必要时开展进一步的地质和水文地质调查,并根据实际情况选择合适的检测和统计分析方法确定污染源。

通过地质和水文地质调查,开展土壤与地下水采样分析,了解污染物的空间分布特征,或利用同位素技术,进一步分析可能的污染源。

污染源解析常用的检测和统计分析方法包括:

①指纹法:采集潜在污染源和受体端土壤与地下水样品,分析污染物类型、浓度、比例等情况,采用指纹法进行特征比对,判断受体端和潜在污染源的同源性,确定污染源。

②同位素技术:对于损害持续时间较长,且特征污染物为铅、镉、锌、汞等重金属或含有氯、碳、氢等元素的有机物时,可采用同位素技术,对潜在污染源和受体端土壤与地下水样品进行同位素分析,根据同位素组成和比例等信息,判断受体端和潜在污染源的同源性,确定污染源。

③示踪技术:在潜在污染源所在位置投加示踪剂,在受体端对示踪剂进行追踪,对污染源进行确认。

④多元统计分析法:采集潜在污染源和受体端土壤与地下水样品,分析污染物类型、

浓度等情况,采用相关分析、主成分分析、聚类分析、因子分析等统计分析方法,分析污染物与土壤、地下水理化指标及其时空分布的相关性,判断受体端和潜在污染源的同源性,确定污染源。

(2)迁移路径调查与分析

基于前期调查获取的信息,初步构建污染物迁移概念模型,通过地形条件分析、地质和水文地质条件调查和分析、包气带和含水层中污染物分布特征调查和分析等手段,识别传输污染物的载体和介质,提出污染源到受体之间可能的迁移路径的假设。

通过对载体运动方向和污染物空间分布特征的模拟和分析,判断迁移路径的合理性;并分析迁移路径的连续性,如果存在迁移路径不连续的情况,应对可能的优先通道进行分析。

必要时,利用示踪技术,对迁移路径进行验证。

(3)因果关系分析

同时满足以下条件,可以确定污染环境行为与损害之间存在因果关系:

①存在明确的污染环境行为;

②土壤与地下水环境及其生态服务功能受到损害;

③污染环境行为先于损害的发生;

④受体端和污染源的污染物存在同源性;

⑤污染源到受损土壤与地下水之间存在合理的迁移路径。

3.2.3.2 破坏生态行为与损害之间因果关系分析

通过文献查阅、专家咨询、遥感影像分析、现场调查等方法,分析破坏生态行为导致土壤与地下水环境及其生态服务功能受到损害的作用机理,建立破坏生态行为导致土壤与地下水环境及其生态服务功能受到损害的因果关系链条。同时满足以下条件,可以确定破坏生态行为与损害之间存在因果关系:

①存在明确的破坏生态行为;

②土壤与地下水环境及其生态服务功能受到损害;

③破坏生态行为先于损害的发生;

④根据生态学、水文地质学等理论,破坏生态行为和土壤与地下水环境及其生态服务功能损害具有关联性;

⑤可以排除其他原因对土壤与地下水环境及其生态服务功能损害的贡献。

3.2.4　损害实物量化

将土壤与地下水中特征污染物浓度、生物种群数量和密度等相关指标的现状水平与基线水平进行比较,分析土壤与地下水环境及其生态服务功能受损的范围和程度,计算土壤与地下水环境及其生态服务功能损害的实物量。

3.2.4.1　损害程度量化

损害程度量化主要是对土壤与地下水中特征污染物浓度、生物种群数量和密度等相关指标超过基线水平的程度进行分析,为生态环境恢复方案的设计和后续的费用计算、价值量化提供依据。

（1）评估指标为污染物浓度

基于土壤、地下水中特征污染物平均浓度与基线水平,确定每个评估区域土壤与地下水的受损害程度:

$$K_i = \frac{T_i - B}{B} \tag{3.1}$$

式中,K_i 为某评估区域土壤与地下水的受损害程度;T_i 为某评估区域土壤与地下水中特征污染物的平均浓度;B 为土壤与地下水中特征污染物的基线水平。

基于土壤与地下水中特征污染物平均浓度超过基线水平的区域面积占总调查区域面积的比例,确定评估区土壤与地下水的受损害程度:

$$K = \frac{N_0}{N} \tag{3.2}$$

式中,K 为超基线率,即评估区域土壤与地下水中特征污染物平均浓度超过基线水平的区域面积占总调查区域面积的比例;N_0 为评估区域土壤与地下水中特征污染物平均浓度超过基线水平的区域面积;N 为土壤与地下水调查区域面积。

（2）评估指标为土壤与地下水生态服务功能

如果土壤与地下水的生态服务功能受损,根据生态服务功能的类型特点和区域实际情况,选择适合的评估指标。若采用资源对等法,可用指示性生物的种群数量、密度、结构,群落组成、结构,生物物种丰度等指标表征;若采用服务对等法,可用面积、体积等指标表征。基于土壤、地下水生态服务功能现状与基线水平,确定评估区域土壤与地下水生态服务功能的受损害程度:

$$K = \frac{S - B}{B} \tag{3.3}$$

式中,K 为土壤与地下水生态服务功能的受损害程度;S 为土壤与地下水生态服务功能指标的现状水平;B 为土壤与地下水生态服务功能指标的基线水平。

3.2.4.2 损害范围量化

根据各采样点位土壤与地下水损害确认和损害程度量化的结果,分析受损土壤与地下水点位的位置和深度。在充分获取土壤和水文地质相关参数的情况下,构建调查区土壤与地下水污染概念模型,采用空间插值方法,模拟未采样点位土壤与地下水的损害情况,获得受损土壤与地下水的二维、三维空间分布,并根据需要模拟土壤与地下水中污染物的迁移扩散情况,明确土壤与地下水当前的损害范围及在评估时间范围内可能的损害范围,计算目前和在评估时间范围内可能受损的土壤、地下水面积与体积。地下水中污染物的迁移扩散模拟可参照《地下水污染模拟预测评估工作指南》。

根据土壤与地下水不同类型生态服务功能损害确认的结果,分析不同类型生态服务功能的损害范围和程度,如指示物种的活动范围和活动水平、植被覆盖度、旅游人次等指标的变化。

3.2.5 损害恢复或价值量化

基于替代等值原则评估土壤与地下水环境及其生态服务功能的损失。如果受损的土壤与地下水环境及其生态服务功能能够通过实施恢复措施进行恢复,或能够通过补偿性恢复补偿期间损害,采用基于恢复的方法进行损失计算,研究恢复目标,筛选恢复技术,比选恢复方案,包括基本恢复、补偿性恢复和补充性恢复方案,必要时计算恢复费用。如果受损的土壤与地下水环境及其生态服务功能不能通过实施恢复措施进行恢复,或不能通过补偿性恢复补偿期间损害,采用环境价值评估方法进行损失计算。

3.2.5.1 土壤与地下水损害恢复

损害情况发生后,如果土壤与地下水中的污染物浓度在两周内恢复至基线水平,生物种类和丰度及其生态服务功能未观测到明显改变,参照《突发环境事件应急处置阶段环境损害评估推荐方法》中的方法和要求进行污染清除和控制等实际费用的统计计算。

如果土壤与地下水中的污染物浓度不能在两周内恢复至基线水平,或者生物种类和丰度及其生态服务功能没有观测到明显改变,应判断受损的土壤与地下水环境及其生态服务功能是否能通过实施恢复措施进行恢复,如果可以,基于替代等值分析方法,制定基本恢复方案,并根据期间损害,制定补偿性恢复方案;如果制定的恢复方案未能将土壤与地下水环境及其生态服务功能完全恢复至基线水平并补偿期间损害,应制定补充性恢复方案。

土壤与地下水损害恢复方案的制定包括:

(1)恢复目标确定

①基本恢复目标

基本恢复是将受损的土壤与地下水环境及其生态服务功能恢复至基线水平。

对于农用地和建设用地,应先判断其是否需要开展修复。如果需要开展修复,且基于风险的环境修复目标值低于基线水平,应当修复到基线水平(见图 3.3),并根据相关法律规定进一步确认应该承担基线水平与基于风险的环境修复目标值之间损害的责任方,要求责任方采取措施将风险降低到可接受水平。如果需要开展修复,且基于风险的环境修复目标值高于基线水平且均低于现状污染水平,应当修复到基于风险的环境修复目标值(见图 3.4),并对基于风险的环境修复目标值与基线水平之间的损害进行评估计算。如果不需要开展修复,且现状污染水平高于基线水平,应对现状污染水平与基线水平之间的损害进行评估计算。

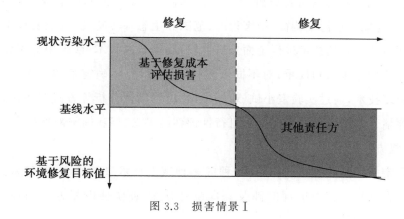

图 3.3　损害情景Ⅰ

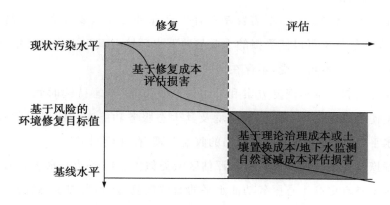

图 3.4　损害情景Ⅱ

基于风险的环境修复目标值参照《建设用地土壤修复技术导则》（HJ 25.4—2019）和《地下水污染修复（防控）工作指南》等相关标准规范确定。

将环境介质修复至基于风险的目标值后，还应采取必要的恢复措施，将受损的生态环境完全恢复至基线水平。

②补偿性恢复目标

土壤与地下水环境的补偿性恢复目标是采用替代性的恢复方案补偿受损土壤与地下水环境及其生态服务功能恢复至基线水平的期间损害。

③补充性恢复目标

如果由于现场条件或技术可达性等限制因素，土壤与地下水环境及其生态服务功能的基本恢复方案实施后未达到基本恢复目标，或补偿性恢复未达到补偿期间损害的目标，则应开展补充性恢复或者采用环境价值评估方法，填补或计算这部分损失。

（2）恢复技术筛选

在掌握不同恢复技术的原理、适用条件、费用、成熟度、可靠性、恢复时间、二次污染和破坏、技术功能、恢复的可持续性等要素的基础上，参照相关技术规范与类似案例经验，结合土壤与地下水污染特征、损害程度、范围和生态环境特性，从主要技术指标、经济指标等方面对各项恢复技术进行全面分析比较，确定备选技术；或采用专家评分的方法，通过设置评价指标体系和权重，对不同恢复技术进行评分，确定备选技术。提出一种或多种备选恢复技术，通过实验室小试、现场中试、应用案例分析等方式对备选恢复技术进行可行性评估。基于恢复技术比选和可行性评估结果，选择和确定恢复技术。

（3）恢复方案确定

根据确定的恢复技术，可以选择一种或多种恢复技术进行组合，制定备选的综合恢复方案。综合恢复方案可能同时涉及基本恢复方案、补偿性恢复方案和补充性恢复方案，可能的情况包括：

①仅制定基本恢复方案，不需要制定补偿性和补充性恢复方案：损害持续时间不超过一年，现有恢复技术可以使受损的土壤与地下水环境及其生态服务功能在一年内恢复到基线水平，经济成本可接受，不存在期间损害。

②需要分别制定基本恢复方案和补偿性恢复方案：损害持续时间超过一年，有可行的恢复方案使受损的土壤与地下水环境及其生态服务功能在一年以上的较长时间内恢复到基线水平，实施成本与恢复后取得的收益合理，存在期间损害。

补偿性恢复方案包括恢复具有与评估区域类似生态服务功能水平区域的异位恢复、使受损的区域具有更高生态服务功能水平的原位恢复、达到类似生态服务功能水平的替代性恢复，如通过修建污水处理设施替代受污染的地下水自然恢复损失，通过荒漠植被恢复替代受污染的土壤自然恢复损失等方案。制定补偿性恢复方案时应采用损害程度和范围等实物量指标,如污染物浓度、受损资源、服务的面积或体积。

　　③需要分别制定基本恢复方案、补偿性恢复方案和补充性恢复方案:有可行的恢复方案使受损的土壤与地下水环境及其生态服务功能在一年以上的较长时间内恢复到基线水平,与恢复后取得的收益相比实施成本合理,存在期间损害,需要制定补偿性恢复方案;基本恢复和补偿性恢复方案实施后未达到既定恢复目标的,需要进一步制定补充性恢复方案,使受损的土壤与地下水环境及其生态服务功能完全实现既定的基本恢复和补偿性恢复目标。

　　④现有恢复技术无法使受损的土壤与地下水环境及其生态服务功能恢复到基线水平,或只能恢复部分受损的土壤与地下水环境及其生态服务功能,通过环境价值评估方法对受损土壤与地下水环境及其生态服务功能,以及相应的期间损害进行价值量化。

　　由于基本恢复方案和补偿性恢复方案的实施时间与成本相互影响,应考虑损害的程度与范围、不同恢复技术和方案的难易程度、恢复时间和成本等因素,对综合恢复方案进行比选。

　　综合恢复方案的筛选同时还需要考虑不同方案的成熟度、可靠性、二次污染、社会效益、经济效益和环境效益等方面。综合分析和比选不同备选恢复方案的优势和劣势,确定最佳恢复方案。

　　(4)恢复费用计算

　　需要对恢复费用进行计算时,根据土壤与地下水的基本恢复、补偿性恢复和补充性恢复方案及其相关情况,按照下列优先级顺序选用费用计算方法,计算恢复工程实施所需要的费用:实际费用统计法、费用明细法、承包商报价法、指南或手册参考法、案例比对法。

　　①实际费用统计法

　　实际费用统计法适用于污染清理和恢复措施已经完成或正在进行的情况,可通过收集实际发生的费用信息,并对实际发生费用的合理性进行审核后,将统计得到的实际发生费用作为恢复费用。

　　②费用明细法

　　费用明细法适用于恢复方案比较明确,各项具体工程措施及其规模比较具体,所需要的设施、材料、设备等比较明确,且鉴定评估机构对方案各要素的成本比较清楚的情况。费用明细法应列出恢复方案的各项具体工程措施、各项措施的规模,明确需要建设的设施以及需要用到的材料和设备的数量和规格、能耗等内容,根据各种设施、材料、设备、能耗的单价,列出恢复工程费用明细。具体包括投资费、运行维护费、技术服务费、固定费用。投资费包括场地准备、设施安装、材料购置、设备租用等费用;运行维护费包括检查维护、监测、系统运行水电消耗和其他能耗、废弃物和废水处理处置等费用;技术服务费包括项目管理、调查取样和测试、质量控制、试验模拟、专项研究、恢复方案设计、报告编制等费用;固定费用包括设备更新、设备撤场、健康安全防护等费用。

③承包商报价法

承包商报价法适用于恢复方案比较明确,各项具体工程措施及其规模比较具体、所需要的设施、材料、设备等比较确切,且鉴定评估机构对方案各要素的成本不清楚或不确定的情况。承包商报价法应选择 3 家或 3 家以上符合要求的承包商,由承包商根据恢复目标和恢复方案提出报价,对报价进行综合比较,确定合理的恢复费用。

④指南或手册参考法

指南或手册参考法适用于已经筛选确定恢复技术,但具体恢复方案不明确的情况。基于所确定的恢复技术,参照相关指南或手册,确定技术的单价,根据待恢复土壤与地下水的量,计算恢复费用。

⑤案例比对法

案例比对法适用于恢复技术和恢复方案均不明确的情况,调研与本项目规模、污染特征、环境条件相类似且时间较为接近的案例,基于类似案例的恢复费用,计算本项目可能的恢复费用。

3.2.5.2 其他价值量化方法

(1)未修复到基线水平损害的量化方法

对于农用地或建设用地,如果经修复后未达到基线水平(见图 3.4)或现状污染水平超过基线水平但不需要修复(情景Ⅲ),按照如下方法计算基于风险的环境修复目标值或现状污染水平与基线水平之间的损害:

①如果基于风险的环境修复目标值或现状污染水平与基线水平对应的土地或地下水利用类型相同,建议按照以下方法计算与基线之间的损害:如果能够获取土壤或地下水中污染物从基于风险的环境修复目标值或现状污染水平修复至基线水平的理论治理成本,基于该理论治理成本进行计算;如果无法获取理论治理成本、全部不需要修复且污染物排放量可获取,可以利用基于污染物排放量的虚拟治理成本计算;否则,基于土壤置换成本或地下水监测自然衰减成本计算。

②如果基于风险的环境修复目标值或现状污染水平与基线水平对应的土地或地下水利用类型不同,需要制定环境修复、生态恢复方案,并计算土地或地下水利用类型改变对应的土地或水资源价值变化及其他生态服务功能的丧失。

（2）无法恢复的损害量化方法

对于土壤与地下水环境及其生态服务功能无法通过工程恢复至基线水平，没有可行的补偿性恢复方案填补期间损害，或没有可用的补充性恢复方案将未完全恢复的土壤与地下水恢复至基线水平或填补期间损害时，需要根据土壤与地下水提供的服务功能，利用直接市场价值法、揭示偏好法、效益转移法、陈述偏好法等方法，对不能恢复或不能完全恢复的土壤与地下水及其期间损害进行价值量化。

如果损害前用地类型为耕地、园地、林地或草地，建议采用土地影子价格法计算土地资源功能损失，利用市场价值法计算种植或养殖物生产服务损失；如果损害前用地类型为商服用地、住宅用地，建议利用市场价值法计算土地资源功能损失，利用市场价值法计算工商业生产服务损失；如果损害前用地类型为旅游景点等特殊用地，建议利用旅行费用法计算旅游休闲服务损失；如果损害前用地类型为自然保护区等特殊用地，建议利用支付意愿调查法计算生物多样性维持功能损失；如果损害前用地类型为工矿仓储用地，建议根据实际情况选择市场价值法或参考周边土地利用类型进行土地资源功能损失计算，利用市场价值法计算工业生产服务损失；如果损害前用地类型为未利用地，建议参考周边土地利用类型进行土地资源功能损失计算。城镇土地价值建议参照《城镇土地估价规程》(GB/T 18508—2014)进行计算。如果损害造成地下水资源用途改变或水资源量减少，建议采用水资源影子价格法计算水资源服务功能损失。

3.2.6　损害鉴定评估报告编制

编制涉及土壤与地下水的生态环境损害鉴定评估报告（意见）书，同时建立完整的涉及土壤与地下水的生态环境损害鉴定评估工作档案。

3.2.7　恢复效果评估

制定恢复效果评估计划，通过采样分析、问卷调查等方式，定期跟踪土壤与地下水环境及其生态服务功能的恢复情况，全面评估恢复效果是否达到预期目标；如果未达到预期目标，应进一步采取相应措施，直到达到预期目标为止。

3.2.7.1　评估时间

恢复方案实施完成后，土壤与地下水的物理、化学和生物学状态及其生态服务功能水平基本达到稳定时，对恢复效果进行评估。

土壤恢复效果通常采用一次评估,地下水恢复效果通常需根据污染物和地质结构情况进行多次评估,直到地下水中污染物浓度不发生反弹,至少持续跟踪监测12个月。

3.2.7.2 评估内容和标准

恢复过程合规性,即恢复方案实施过程是否满足相关标准规范要求,是否产生了二次污染。

恢复效果达标性,即根据基本恢复、补偿性恢复、补充性恢复方案中设定的恢复目标,分别对基本恢复、补偿性恢复、补充性恢复的效果进行评估。

3.2.7.3 评估方法

(1)监测和采样分析

根据恢复效果评估计划,对恢复后的土壤与地下水进行监测、采样,分析污染物浓度、色度等指标,或开展生物调查及其他土壤与地下水的生态服务功能调查。调查应覆盖全部恢复区域,并基于恢复方案的特点制定差异化的布点方案。基于调查结果,采用逐个对比法或统计分析法判断是否达到恢复目标。

必要时,对周边土壤与地下水开展采样分析,确保恢复过程未造成污染物的迁移扩散,未对周边环境造成影响。

(2)现场踏勘

通过现场踏勘,了解土壤与地下水环境及其生态服务功能的恢复进展,判断土壤与地下水是否仍有异常颜色或气味,观察主要生态服务功能指示性指标的恢复情况,确定采样和调查时间。

(3)分析比对

采用分析比对法,对照土壤与地下水恢复方案及相关的标准规范,分析土壤与地下水环境及其生态服务功能恢复过程中各项措施是否与方案一致,是否符合相关标准规范的要求;分析恢复过程中的各项监测数据,判断是否产生了二次污染;综合评价恢复过程的合规性。

(4)问卷调查

通过设计调查表或调查问卷,调查基本恢复、补偿性恢复、补充性恢复措施所提供的生态服务功能类型和服务量,判断是否达到恢复目标;此外,调查公众与其他相关方对于恢复过程和恢复结果的满意度。

3.3　生态环境损害鉴定评估方法

3.3.1　生态环境损害鉴定评估方法及其适用条件

生态环境损害评估方法包括替代等值分析方法和环境价值评估方法。

3.3.1.1　替代等值分析方法

替代等值分析方法包括资源等值分析方法、服务等值分析方法和价值等值分析方法。

资源等值分析方法是将环境的损益以资源量为单位进行表征,通过建立环境污染或生态破坏所致资源损失的折现量和恢复行动所恢复资源的折现量之间的等量关系来确定生态恢复的规模。资源等值分析方法的常用单位包括种群数量、水资源量等。

服务等值分析方法是将环境的损益以生态系统服务为单位进行表征,通过建立环境污染或生态破坏所致生态系统服务损失的折现量与恢复行动所恢复生态系统服务的折现量之间的等量关系来确定生态恢复的规模。服务等值分析方法的常用单位为百分比。

价值等值分析方法分为价值-价值法和价值-成本法。价值-价值法是将恢复行动所产生的环境价值贴现与受损环境的价值贴现建立等量关系,此方法需要将恢复行动所产生的效益与受损环境的价值进行货币化。衡量恢复行动所产生的效益与受损环境的价值需要采用环境价值评估方法。价值-成本法首先估算受损环境的货币价值,进而确定恢复行动的最优规模,恢复行动的总预算为受损环境的货币价值量。

3.3.1.2　环境价值评估方法

环境价值评估方法包括直接市场价值法、揭示偏好法、效益转移法和陈述偏好法。

（1）直接市场价值法

①生产率变动法

生产率变动法也称作观察市场价值法,是利用生产率的变动来评价环境状况变动的方法。该方法适用于衡量在市场上交易的资源使用价值,用资源的市场价格和数量信息来估算消费者剩余和生产者剩余。总的效益或损失是消费者和生产者剩余之和。

②剂量-反应法

剂量-反应法也称为生产率法或生产要素收入法,将产出与生产要素(如土地、劳动力、资本、原材料)的不同投入水平联系起来。该方法的适用条件有:a.环境变化直接导致销售的某种商品(或服务)的产量增加或减少,同时影响明确且能够观察或根据经验测试;b.市场功能完好,价格是经济价值的有效指标。

③人力资本和疾病成本法

人力资本和疾病成本法通过环境属性对劳动力数量和质量的影响来评估环境属性的价值。通常用因疾病引起的收入损失或治疗费用表示。

(2)揭示偏好法

①内涵资产定价法

内涵资产定价法又称作享乐价格法。内涵资产定价法,是根据人们为优质环境的享受所支付的价格来推算环境质量价值的一种估价方法,即将享受某种产品由于环境的不同所产生的差价作为环境差别的价值。该方法越来越多地被应用于空气质量恶化对财产价值的影响。此方法的出发点是某一财产的价值包含了它所处的环境质量的价值。例如人们为某地与其他地方相同的房屋和土地支付更高的价格,除去其他非环境因素的影响,剩余的价格差别可以归结为环境因素。

②避免损害成本法

避免损害成本法指个人为减轻损害或防止环境退化引起的效用损失而需要为市场商品或服务支付的金额。该方法可用于评估非市场商品的价值。

③虚拟治理成本法

虚拟治理成本是按照现行的治理技术和水平治理排放到环境中的污染物所需要的支出。该方法适用于环境污染导致的生态环境损害无法通过恢复工程完全恢复、恢复成本远远大于其收益或缺乏生态环境损害恢复评价指标的情形。虚拟治理成本法的具体计算方法见《突发环境事件应急处置阶段环境损害评估技术规范》。

(3)效益转移法

效益转移法基于消费者剩余理论,是一种非市场资源价值评价方法。若非市场资源价值受时间、空间和费用等条件限制,适用此方法。效益转移法的适用条件包括:

对参照区的要求:要确定参照区的范围和规模,包括区域人口规模,评估中所需要的数据需求(如价值的类型:使用价值、非使用价值或总价值)。

对评估区和参照区的相关性的要求:评估区的环境资源的质量(数量)及其变化与参照区的资源质量(数量)及其预期变化应相似。

（4）陈述偏好法

①条件价值法

条件价值法也叫作权变评价法、或然估计法，条件价值法用调查技术直接询问人们的环境偏好。当缺乏真实的市场数据，甚至也无法通过间接的观察市场行为来赋予环境资源价值时，通常采用条件价值评估（CVM）技术。该技术特别适用于选择价值占有较大比重的独特景观、文物古迹等生态系统服务价值评估。

②选择试验模型法

选择试验模型法基于效用最大化理论，采用问卷向被调查者提供由资源或环境物品的不同属性状态组合而成的选择集。被调查者会从每个选择集中选出自己的偏好，研究者可以根据被调查者的偏好运用经济计量学模型分析出不同属性的价值以及由不同属性状态组合而成的各种方案的相对价值。

3.3.1.3　生态环境损害评估方法的选择原则

（1）优先选择替代等值分析方法中的资源等值分析方法和服务等值分析方法。如果受损的环境以提供资源为主，采用资源等值分析方法；如果受损的环境以提供生态系统服务为主，或兼具资源与生态系统服务，采用服务等值分析方法。

采用资源等值分析方法或服务等值分析方法应满足以下两个基本条件：①恢复的环境及其生态系统服务与受损的环境及其生态系统服务具有同等或可比的类型和质量；②恢复行动符合成本有效性原则。

（2）如果不能满足资源等值分析方法和服务等值分析方法的基本条件，可考虑采用价值等值分析方法。如果恢复行动产生的单位效益可以货币化，考虑采用价值-价值法；如果恢复行动产生的单位效益的货币化不可行（耗时过长或成本过高），则考虑采用价值-成本法。同等条件下，推荐优先采用价值-价值法。

（3）如果替代等值分析方法不可行，则考虑采用环境价值评估方法。以方法的不确定性为序，从小到大依次建议采用直接市场价值法、揭示偏好法和陈述偏好法，条件允许时可以采用效益转移法。

以下情况推荐采用环境价值评估方法：

①选择生物体内污染物浓度或对照区的发病率作为基线水平评价指标，在生态恢复过程中难以对其进行衡量；

②由于某些原因的限制，环境损害不能通过修复或恢复工程完全恢复；

③修复或恢复工程的成本大于预期收益。

3.3.2　基于恢复目标的生态环境损害鉴定评估步骤

基于恢复目标的生态环境损害鉴定评估,应首先确定修复或恢复的目标,即将受损的生态环境恢复至基线状态;或修复至可接受风险水平;或先修复至可接受风险水平,再恢复至基线状态;或在修复至可接受风险水平的同时恢复至基线状态。

对于部分工业污染场地,可根据再利用目的将受损生态环境修复至可接受风险水平。以下将该过程统一称为"恢复"。按恢复目的的不同,可划分为基本恢复、补偿性恢复和补充性恢复。基本恢复的目的是使受损环境及其生态系统服务复原至基线水平;补偿性恢复的目的是补偿环境从损害发生到恢复至基线水平期间,受损环境原本应该提供的资源或生态系统服务;若前两项未达到预期恢复目标,则需开展补充性恢复,以保证环境恢复到基线水平,并对期间损害给予等值补偿。

如果环境污染或生态破坏导致的生态环境损害持续时间不超过一年,则仅开展基本恢复;否则,需要同时开展基本恢复与补偿性恢复。

3.3.2.1　基本恢复方案的筛选与确定

基本恢复是在确认生态环境损害发生、确定其时空范围并判定污染环境或破坏生态行为与生态环境损害间因果关系的基础上,选择合适的替代等值分析方法,确定最优的恢复方案,估算实施最优恢复方案所需的费用。

(1)基本恢复方案的选择

基本恢复方案可以选择人工恢复措施和自然恢复措施。人工恢复适用于当前技术水平下能够使受损环境及其生态系统服务有效恢复且符合成本效益原则的情形。自然恢复措施适用于以下情形:

①所有的恢复方案都无法避免产生较大的二次污染或对环境造成严重的干扰;

②目前技术水平下,恢复行动不符合成本效益原则;

③目前技术水平下,受损的环境及其生态系统服务无法恢复。

(2)基本恢复方案的初步筛选

综合采用现场勘察、专家咨询、德尔菲法以及费用-效果分析等方法对备选恢复方案进行初步筛选。首先选择能提供与损失的资源与服务同等类型、同等质量或具有可比价值的资源与服务的恢复方案,其次考虑能够提供可比类型和质量的恢复方案。

(3)基本恢复方案的定性筛选

经过初步筛选的方案可以根据以下原则进行进一步筛选:

①有效性：恢复方案应该能够实现对受损环境的恢复、修复或重置；

②合法性：符合国家或地方相关法律法规、标准和规划等；

③保护公众健康和安全：恢复工程不得危害公众健康和安全；

④技术可行性：恢复方案应该有较高的成功可能性，并在技术上可行；

⑤公众可接受：恢复方案应该达到公众可接受的最低限度，恢复方案的实施不得产生二次损害；

⑥减少环境暴露：恢复方案应该尽量降低环境的污染物暴露量与暴露水平，包括污染物的数量、流动性和毒性等。

（4）基本恢复方案的偏好筛选

一般采用定性与定量相结合的方法进一步对经过定性筛选的基本恢复方案进行偏好筛选。

（5）基本恢复方案的成本效益分析

如果通过定性筛选和偏好筛选，有两种或更多可选方案，利用成本效益或成本效果分析方法进行评估，选择最优的方案。若所有方案的成本均大于预期收益，建议采用环境价值评估方法进行评估。

（6）基本恢复方案的确定

确定最优恢复方案后，需进一步确定最优恢复行动或措施的实施范围、恢复规模和持续时间等。

3.3.2.2　补偿性恢复方案的筛选和确定

补偿性恢复是在基本恢复方案的基础上，选择合适的替代等值分析方法，评估期间损害并提出补偿期间损害的恢复方案，估算实施恢复方案所需的费用。

3.3.2.3　补充性恢复方案的筛选和确定

开展恢复方案的实施效果评估，如果基本恢复或补偿性恢复未达到预期效果，应进一步筛选并确定补充性恢复方案，实施补充性恢复。

3.3.3　永久性生态环境损害的评估

在进行生态环境损害鉴定评估时，如果既无法将受损的环境恢复至基线，也没有可行的补偿性恢复方案弥补期间损害，或只能恢复部分受损的环境，则应采用环境价值评估方法对受损环境或未得以恢复的环境进行价值评估。

3.3.4 现值系数

在进行生态环境损害评估时,考虑公共环境资源的时间价值,计算环境的期间损害时需要利用现值系数进行折算。现值系数体现的是人们消耗公共物品的时间偏好。现值系数包括复利率和贴现率,对过去的损失利用复利率进行复利计算,对未来损失利用贴现率进行贴现计算。对于环境资源类物品,现值系数推荐采用2%~5%。

3.3.5 生态环境损害的直接成本

生态环境损害的直接成本是指生态环境受损所造成的生态服务直接使用价值损失,包括生态环境污染成本(如水体、大气、声、废渣等污染)、生态环境破坏成本(如对土壤、森林、植被的破坏)和碳排放成本等。根据产生环境成本业务或事项的不同特性,环境直接损害成本通常采用全额法、恢复费用法和防护费用法等方法进行核算。

全额法是指把为某一环境问题支出的成本费用全部计入环境成本,计算公式为:

$$C_t = \sum C_1 + \sum C_2 \tag{3.4}$$

式中,C_t 表示第 t 年的环境成本总额;C_1 表示排污许可证费用、污染物处理费、罚款等;C_2 表示环境研究费用以及对环境管理系统的支出等需要摊销的成本。

恢复费用法是指为了恢复对土壤、森林、植被等自然资源的破坏所必需的花费并予以货币化,计算公式为:

$$P_t = \sum C \cdot Q \tag{3.5}$$

式中,P_t 为自然资源估价(即自然资源受到破坏的经济损失);C 为恢复和补偿原有资源的单位费用;Q 为污染或破坏的数量。

有时生态环境遭到破坏后无法进行恢复,例如企业造成河流污染使其无法再作为自来水水源,企业造成的环境损失就不能使用恢复费用法进行核算,此时可以采用影子工程法来估算环境污染或破坏成本。

防护费用法是指以居民为了减少或消除环境污染的有害影响所愿意承担的费用作为环境污染的经济损失,例如噪声污染造成的损失可以采用防护费用法计算。

3.3.6 生态环境损害的间接成本

生态环境损害的间接成本是指生态环境受损所造成的生态服务间接使用价值损失,

主要包括生物多样性损失、森林退化、气候变化以及人体健康损失等,可以采用间接替代法、市场价值法-人力资本法、心理调查定价法等核算方法。

间接替代法下,环境破坏使得原有的自然资源特别是不可再生资源等丧失了其应有的功能,其价值可以用另一种替代资源的价值来衡量,以有效解决自然资源稀缺性造成的问题,使人们积极开发新的替代资源,从而有效地保护生态环境,促进经济社会发展。

市场价值法-人力资本法是指利用环境污染对人体健康和劳动能力带来的损害来估算环境污染造成的经济损失。经济损失一般包括:过早的死亡、疾病或病休造成的收入损失、医疗费开支的增加以及精神或心理上的代价等。根据 Misham(1972)的研究,该方法的计算公式为:

$$L_T = \sum_{t=1}^{r} rt P_T^t (1-r)^{-(t-T)} \tag{3.6}$$

式中,L_T 为人体健康损失费;rt 为预测个人在 t 年内的收入扣除其拥有的非人力资本的收入;P_T^t 为某人从 T 年活到 t 年的概率;r 为 T 年到 t 年的有效社会贴现率。

在无法直接或者不易对生态环境造成破坏的损失进行核算计量的情况下,可采用心理调查定价法对该项损失进行度量。详细地讲,就是对与环境损失有关的当事人进行了解、调查,依据当事人的个人意愿和双方心理上都愿意接受的价格作为补偿损失的协商价格。为避免核算的结果可能会出现的偏差,通常可由政府机构作为第三方进行裁定。以裁定的结果作为计量的结果或参照,可在一定程度上减少评价结果造成的偏差。

3.4 生态环境损害鉴定评估与环境损害司法鉴定的区别

生态环境损害鉴定评估是指鉴定评估机构通过对污染行为以及生态环境遭受损害的状况开展调查,按照规定的程序并使用科学的技术方法,分析、判定该行为与损害之间的因果联系,在此基础上评估损害的范围和程度,从而量化实际的损失数额,并进一步制定恢复生态环境至基线的相关措施。

环境损害司法鉴定与生态环境损害鉴定评估具有很强的相似性,两者内容基本相同,都需要调查、分析并确认环境损害事实与结果,分析判定因果关系,选取修复方案并测算修复成本,量化损害赔偿数额;都需要采用专业的技术手段和方法,遵循规范的程序和制度的要求。两者的差异则主要体现在以下方面:首先,生态环境损害鉴定评估大多发生在环境主管部门的行政过程中,或是为环保行政监管的行政行为服务,而环境损害司法鉴定则主要服务于司法程序(包括环境损害司法鉴定的启动、环境损害司法鉴定的调查取证、环境损害司法鉴定意见的质证和环境损害司法鉴定意见的认定)。其次,在实施鉴定的主体资格方面,环境损害司法鉴定的鉴定机构和司法鉴定人都必须进行统一登记,资质准入更加严格。最后,生态环境损害鉴定评估不会涉及司法程序,其实施程序从接受委托时起至得出鉴定评估结论或报告时结束。环境损害司法鉴定中,出具鉴定意见并不意味着司法鉴定程序的完结,还需要鉴定人履行出庭质证义务并协助法庭正确认定事实,这才算是走完了整个司法鉴定程序。

第4章 土壤与地下水基础理论

4.1 土壤基础理论

4.1.1 土壤的内涵

4.1.1.1 土壤的定义

"土壤"一词在世界上任何民族的语言中均可以找到,但不同学科的科学家对土壤的定义却有着各自的观点和认识。给出一个科学而全面的有关土壤的定义,需要对土壤组成、功能与特性有较为全面的理解,主要包括:

(1)土壤是历史自然体:是由母质经过长时间的成土作用而形成的三维自然体;是考古学和古生态学信息库;自然史(博物学)文库;基因库的载体。因此,土壤对于理解人类和地球的历史至关重要。

(2)土壤具有生产力:含有营养元素、水分等植物生长所必需的条件,是农业、园艺和林业等生产的基础;是建筑物和道路的基础和工程材料。

(3)土壤具有生命力:是生物多样性最丰富,能量交换和物质循环最活跃的地球表层;是植物、动物和人类的生命基础。

(4)土壤具有环境净化力:是具有吸附、分散、中和和降解环境污染物功能的环境舱;依靠土壤的净化能力,可保护地下水、食物链和生物多样性不受威胁。

(5)中心环境要素:土壤是地球表面由矿物颗粒、有机质、水、气体和生物组成的疏松而不均匀的聚集层,是一个开放系统,是可以调控物质和能量循环的生态系统组成部分,是自然环境要素的中心环节。

基于上述认识,考虑到土壤抽象的历史定位(历史自然体)、具体的物质描述(疏松而不均匀的聚集层)以及代表性的功能表征(生产力、生命力、环境净化力),可对土壤作如下定义,即"土壤是历史自然体,是位于地球陆地表面和浅水域底部具有生命力、生产力的疏松而不均匀的聚集层,是地球系统的组成部分和调控环境质量的中心要素"。这是一个相对来说比较具有综合性的定义,较为充分地反映了土壤的本质和特征。

4.1.1.2 土壤的组成

土壤是地球表层的岩石经过生物圈、大气圈和水圈长期的综合影响演变而成的。由于各种成土因素,诸如母岩、生物、气候、地形、时间和人类生产活动等综合作用的不同,形成了多种类型的土壤。

土壤是由固、液、气三相物质构成的复杂体系。固相包括矿物质、有机质和生物。在固相物质之间存在形状和大小不同的孔隙,孔隙中含有水分和空气。

(1)土壤中的矿物质

土壤中的矿物质是由岩石风化形成的。土壤中的矿物质既有原生矿物,也有在风化过程及成土过程中形成的次生矿物。这些矿物质颗粒有粗有细,被称为土壤的"骨骼"。多种矿物风化后都可释放出植物的矿物质营养成分,因此土壤矿物质是直接影响土壤肥力状况的重要因素。

①土壤中矿物质颗粒的分级

仔细观察土壤中每一个单独的土粒,其直径往往存在明显的差异。这些大小不同的颗粒,对土壤的理化性质也有不同的影响。土壤学中把这些颗粒按其性质分为若干粒级,每个粒级代表性质相近的一组颗粒,要求其直径大小在相应的范围内。

②各级土粒的性质

a.石块:是侵入土壤中的岩石碎块,在山地土壤中多见有石块的存在,它不具有土粒的特征。

b.石砾:为岩石风化物的碎屑,主要是石英的颗粒,通透性强,不具保水保肥能力,也不易风化,不提供有效养料。

c.砂粒:其性质近于石砾,但颗粒小。土壤中含有砂粒多时,通透性强,毛管水上升高度低,无可塑性和黏结力,土质松散,养料释放慢,营养元素含量低。

d.粉粒:粉粒在黄土中含量较多,矿物成分有的是原生矿物,有的是次生矿物,如无定形的硅粉等。粉粒的许多性质介于黏粒和砂粒之间。含粉粒多的土壤,通透性差,湿时膨胀,干时易龟裂。可塑性、黏结性及黏着性都大,适耕性差,保水保肥力强,营养元素比较丰富。

③土壤矿物质的矿物成分

土壤矿物质的矿物成分有两类:原生矿物和次生矿物。粗粒部分多为原生矿物,黏粒部分多为次生矿物。原生矿物主要为石英,此外还有长石、云母、角闪石及辉石等,还有磷灰石、橄榄石等矿物。黏粒中则多为次生矿物,即在风化过程及成土过程中形成一些矿物。因此,在土壤中次生矿物的种类和数量往往足以反映土壤形成的特点,并且可以根据这些来了解土壤在发生学上的地位,可以列为土壤分类的依据之一。人们还可以根据次生矿物在土壤中的含有状况来大致判断土壤的某些理化性质和肥力特征。

土壤中所含的次生矿物有晶态的和非晶态的。晶态的次生矿物主要是铝硅酸盐,呈层状结构,如高岭石、蒙脱石、蛭石等。此外还有结晶态的含水氧化物,如含水氧化铁和氧化铝等矿物。非晶态的次生矿物主要呈胶膜状态,或呈粒状凝胶(即极细的土粒),前者如含水氧化铁、铝及硅胶等,后者如水铝英石等。

除了上述的各种矿物外,土壤中还有一些简单的盐类,如碳酸盐、硫酸盐、氯化物等。在盐渍化土壤中多含一些可溶性盐类。在干旱、半干旱地区的土壤中还含有不溶性的碳酸钙,称为石灰性土壤。在更干旱的地区,土壤剖面中往往有石膏($CaSO_4 \cdot 2H_2O$)的积聚层。

④土壤的机械组成和质地分类

任何一种土壤中的矿物质颗粒都不是均一的,而是含有各种粒级的颗粒,这些不同粒级的颗粒以各种比例关系来组成土壤,这种比例关系被称为土壤的机械组成。通常用各种粒级所占的百分比来表示这种关系。按照机械组成进行的土壤分类,叫作土壤的质地分类。土壤的质地是鉴别土壤性质及肥力状况的重要标志之一。

(2)土壤中的有机质

土壤的固相组成中还有一种重要的成分,就是土壤有机质。一般来说,土壤中的有机质含量很少,特别是耕地土壤中,有机质含量不过 $10 \sim 30$ g/kg。但是这些有机质在土壤中的作用十分重大。土壤有机质中含有各种植物营养元素,是植物营养元素的重要供给源,也是土壤微生物生存和活动的能源,对土壤的物理、化学及生物学性质起着重要的调节作用。

①土壤中有机质的来源及组成

土壤中有机质的主要来源是绿色植物的残体、凋落物。对于耕地土壤,有机质主要来源于农作物留在土壤中的根茬及施用的有机肥料、绿肥、还田的秸秆等。

土壤中的有机质,就其组成来看,包括下列各类有机化合物:

a.糖类和有机酸:包括葡萄糖、蔗糖、草酸、柠檬酸等。这些物质一般溶于水,易被微生物分解,在土壤中不易积累。

b.淀粉、纤维素和半纤维素:它们是植物遗体的主要成分,不溶于水,不易被微生物分解,是土壤微生物的重要能源和碳素来源。

c.木质素:是一种复杂的有机化合物,有极强的生化稳定性。

d.单宁、树脂、脂肪、蜡质:都是复杂的化合物,不溶于水,化学分解和微生物分解速度都较慢。

e.含氮有机化合物:包括蛋白质及其衍生物,易被土壤微生物分解。蛋白质被分解为各种氨基酸,或被分解为简单的化合物。很多含氮有机化合物都含有植物所需的重要营养元素。

f.灰分物质:植物残体中灰分平均含量大约为5%,其中钾、钙、镁、铝等元素含量较多,也含有锰、锌、硼等。这些元素有的包含在有机物质的组成中,有的以简单的无机盐类形式存在于生物的细胞中。

②土壤中有机质的矿化作用

当有机质进入土壤后,会受到土壤动物和土壤微生物等的作用,同时也会受到气候、土壤环境条件等自然因素和耕作、施肥等人为因素的影响。首先是有机残体组织遭到破坏,在土壤微生物的作用下进一步沿着两个方向转化。一个是在土壤微生物的作用下被分解成为简单的无机化合物,成为植物可以吸收利用的养料,这个过程叫作有机质的矿质化过程。另一个是在土壤微生物的作用下,形成腐殖质,这个过程叫作腐殖质化过程。这里只概述有机质的矿质化过程。

a.糖类的分解:包括简单糖类及淀粉、半纤维素和纤维素等多糖类化合物的分解。多糖类首先通过酶的作用,水解成为单糖,单糖再进一步分解成为更简单的物质。

b.脂肪、树脂、蜡质、单宁等的分解:这些物质分解速度缓慢,不易彻底分解。在好气条件下,除生成二氧化碳和水,并释放能量外,也常常产生有机酸;在嫌气条件下,则生成多酚类化合物。后者可被氧化为醌型化合物,也可能通过聚合、缩合等作用,形成土壤沥青。

c.木质素的分解:木质素中含有芳香核,它是各类有机化合物中最不易分解的成分。在好气条件下,主要通过真菌和放线菌的作用被分解。在嫌气条件下分解很困难。

d.含氮有机化合物的分解:这个过程是为植物提供养料的重要环节。

(3)土壤中的腐殖质

土壤中的腐殖质是由动植物残体经微生物分解转化又重新合成的复杂有机质,是土壤有机质的重要组成部分。腐殖质状态比较稳定,能够在土壤中积累起来,并且使土壤的表层呈黑色。

①土壤中有机质的腐殖化作用

土壤腐殖质的形成过程被称为腐殖化作用。在这个过程中,微生物起着重要的作用,但也存在一些纯化学反应。土壤中的有机质首先被微生物分解为简单的有机化合物,成为腐殖质组成的结构单元。例如保留其原来的芳香核结构的多元酚类,以及氨基酸或肽等含氮化合物。然后在酶的作用下,将多元酚氧化成为醌,醌再与含氮化合物等缩合形成腐殖质。

②土壤腐殖质的组成和性质

a.黄腐酸(富里酸):是一种黄色的腐殖酸,是腐殖酸中分子量较小的一部分。黄腐酸中含碳(45%～48%)、氢(5%～6%)、氧(1.5%～3%)元素。其含碳量比褐腐酸低,含氮量比褐腐酸高。黄腐酸中含有羟基、酚羟基等功能团,是一种溶解度很大的腐殖酸,其形成的盐类易溶于水。所以黄腐酸是一种分子量小、酸性较强的比较活泼的腐殖酸,在土壤中促进风化作用并分解矿物,有利于养分的释放但不利于团粒结构的形成。因此在比较瘠薄的土壤中黄腐酸含量较高。

b.褐腐酸(胡敏酸):是呈褐色或黑褐色的一类腐殖酸,分子结构复杂,分子量大。褐腐酸中含碳(52%～62%)、氢(2.8%～5.8%)、氧(31.4%～39.0%)、氮(26%～5.1%)以及磷、硫等元素。据研究资料显示,褐腐酸的分子结构主要是由含有芳香族的核,环状含氮物基团、侧链氨基酸和碳水化合物残余物构成。此外,褐腐酸还具有许多功能团主要有甲氧基($-OCH_3$)、羧基($-COOH$)、酚羟基($-OH$)、羟基($-OH$)等。褐腐酸有四个羟基及三个以上的酚羟基,因而具有弱酸性。它与钾、钠、铵等形成的一价盐可溶于水,与钙、镁、铁、铝等形成的二三价盐均不溶于水。其常呈凝胶状态,可将土壤单粒胶结成为团聚体。

c.黑腐素(胡敏素):一般认为是土壤矿物部分牢固结合的褐腐酸。威廉斯则认为是胡敏酸经过干燥或冷冻变形而成为胡敏素,并且认为这个变性过程是不可逆的。黑腐素是一种惰性的腐殖质,对于形成土壤团粒结构也不起胶结剂的作用,因而认为黑腐素在土壤中的积累对土壤无益处。

(4)土壤中的微生物

在土壤中,微生物的种类和数量都是最多的。它们用肉眼看不见,要用显微镜才能看得见。土壤中的微生物数量很多,大约 1 g 土壤中就有几千万个到几亿个。据计量,在肥沃的菜园土壤里,微生物的质量约为 5997～7496 kg/hm²。微生物的繁殖速度很快,环境条件适宜时,每半个小时左右就繁殖一代。其代谢强度大,比人的代谢强度高几千倍、几万倍、甚至几十万倍。土壤中如此众多的微生物,与植物养分的转化、吸收,以及腐殖质的形成、累积都有着密切的关系。

①土壤微生物的种类:土壤微生物指生活在土壤中的细菌、放线菌、真菌(霉菌和酵母菌)、藻类和原生动物等,它们是生物界中最低级的原始种类,其形态及构造都十分简单。

②土壤微生物的生存条件:土壤中的微生物对空气条件的要求很不一样。有的需要在空气流通的条件下才能存活,称为好气性微生物,如真菌、放线菌及大部分细菌都是属于这一类的。有的微生物不喜欢或不能在空气流通的条件下存活,称为嫌气性微生物,如乳酸细菌等一部分细菌是属于这类的。还有一些对空气条件要求不那么严格的,称为兼气性微生物。

(5)土壤中的水分

土壤中的水分是组成土壤的液态部分。土壤水分的主要来源是大气降水、地下水和灌溉水。土壤中水分的形态有固态、液态和气态。固态水只能在土壤水结冰时才存在。气态水是指土壤孔隙中的水汽,水汽的存在与移动对土壤水分状况与栽培作物都有特殊意义。土壤中的水分主要以液态水的形式存在,土壤中液态水可以分为四种:

①吸湿水

把烘干的土壤放在空气里,土壤(不管是有机质或矿物质的土粒)会将空气中的水汽吸收并牢牢地束缚在土粒周围。在自然状态下,土壤总要吸持一部分吸湿水,这种水无法迁移,只有在土壤烘干的情况下才能蒸发为水汽而逸散。吸湿水受土粒的吸持力的作用很大,最内层可达10000个大气压,最外层约为31个大气压,而植物是利用不了这种水分的。把烘干的土壤放在水汽接近饱和的空气中时,土壤可以达到的最大吸湿水量,叫作最大吸湿量。通常土壤含水量以质量百分数来表示,即每百克烘干土中含有水分的质量(g),如土壤含水量的21%,即每百克烘干土中含有21 g水。最大吸湿量对于讨论土壤水分的有效程度来说,是一个重要的数据,我们可以根据最大吸湿量来判断土壤中水分的有效性。土壤最大吸湿量的大小主要取决于土壤颗粒的大小,因此土壤质地不同,土壤最大吸湿量也不同。

②膜状水

当土粒与液态水接触时,在吸湿水的外面又形成一层水膜,这层水膜称为膜状水或薄膜水。膜状水达到最大量时的土壤含水量,叫作土壤最大分子持水量。膜状水所受吸力比吸湿水小得多,其吸力范围为633~3141 kPa,愈靠近土粒吸力愈大。一般作物根毛的吸水力约为1520 kPa,所以植物可以吸收利用一部分膜状水。膜状水在土壤中能够移动,移动方向是由水膜厚的地方移向水膜薄的地方,但是移动的速度很慢,约为0.2~0.4 mm/h。与吸湿水相同,土壤内的膜状水的数量也会影响土壤质地,与砂土相比黏土的膜状水含量高。

③毛管水

当把一块紧密的土壤的一端放在水面上,就像把毛巾的一端放入水中一样会看到水慢慢地浸润到上层的干土中,这是因为土壤中有许多毛管孔隙。受毛细管的作用,从地下水沿着毛细管孔隙上升到上面土层里来的毛管水叫作毛管上升水。毛管上升水的高度受土壤质地的影响,毛管上升水开始不能达到地面的地下水深度叫作地下水的临界深度。如果地下水位很深,就不会有毛管上升水到达地面。降水从地面进入土壤被保持在土壤表层的毛细管孔隙里,这种毛管水到一定深度就没有了,好像悬在土壤上边一样,所以叫作毛管悬着水。

在自然状态下,土壤所能保持住的毛管水的最大含水量叫作田间持水量,即土壤孔隙中充满水分,在排除重力水之后的实际含水量。这个含水量基本接近毛管水的最大量。

④重力水

在土壤的大孔隙中存在的水即重力水。它受重力作用支配向下移动。在水田中常常保持着重力水。在旱田里,降雨时雨水沿着大孔隙向土壤下层渗透,在土壤内保持时间很短,这种水分容易被植物吸收,所以在土壤中保存的时间不是很长。如果重力水在土壤中长期存在,土壤里会缺乏空气,反而对作物有害。如涝洼地,其土质黏重、排水不良,重力水往往在土壤中长期存在,就会妨碍作物的正常生长发育;只有改良土壤,防洪排涝,把土壤中多余的水分排出后,作物才能进行正常的生长发育。

当土壤中重力水饱和,即土壤中的毛管孔隙和非毛管孔隙中全部充满了水,这时的土壤的含水量称为前蓄水量或土壤的最大持水量。

(6)土壤中的空气

土壤空气是组成土壤的气相部分,它与土壤中养分的转化和作物的生长发育有着密切关系。调节土壤中的空气状况,是提高土壤肥力的重要环节之一。土壤空气的组成与大气有关,但土壤空气的组成与大气的组成不一样。土壤空气中氧气的含量较少,二氧化碳含量却很多。氧气缺少时,有机质经嫌气分解,会使土壤中含有甲烷(CH_4)、硫化氢(H_2S)等有毒气体。此外,由于土壤中经常存在着水分,因此土壤空气常呈水汽饱和状态。

土壤空气组成的变化,主要是由于植物根系和微生物的呼吸作用所引起的。有机物的分解需要消耗氧气,该过程释放出大量的二氧化碳。

土壤空气中的二氧化碳可以被植物根部直接吸收利用,同时它也是植物地上部分进行光合作用的碳素来源。土壤中的二氧化碳溶于水后,一部分形成碳酸,从而增加对矿质养分的溶解,提高土壤中营养元素的有效性。然而土壤中的二氧化碳过多时,往往会造成氧气供给不足的现象,影响植物根系发育及根系对养分的吸收。

大多数作物在通气良好的土壤中,根系发育较好;土壤缺氧时则根系短而粗,根毛大量减少。据研究资料显示,土壤空气中氧气的浓度低于 9% 时,作物根系发育就会受到影响,低于 5% 时绝大部分作物的根系会停止发育。氧气也是种子的萌发重要影响因素,因为缺氧环境下种子内部物质的转化和代谢活动会受到影响。土壤中氧气含量对微生物活动也有直接影响。氧气充足的好气性微生物活动旺盛,有机质分解速度快,氧化过程也快,同时还会促进硝化过程的进行。反之,缺氧时由于引起反硝化作用而造成氮素损失。

当土壤中通气性很差时,由于土壤中嫌气微生物的活动,土壤空气中常常会产生一些还原性气体,如甲烷、硫化氢、氢气等。在某些情况下甚至会有磷化氢(H_3P)及二硫化碳(CS_2)等严重危害作物生长的气体产生。

土壤的非毛管孔隙与土壤质地和土壤结构有密切关系。一般地,沙质土、壤质土的土粒大,土粒间孔隙大,非毛管孔隙多,通气性能好,而黏质土的通气性能较差。有团粒和粒状结构的土壤,由于非毛管孔隙多,因此通气性良好;而无该结构的土壤或团粒很少的土壤,当土壤中水分稍多时,通气性就会显著降低。

有机质疏松多孔,在土壤中能形成团粒和粒状结构,从而增加土壤的总孔隙和非毛管孔隙的数量。因此,增加土壤中有机质的数量是改善土壤通气性的有效办法。常见的农业技术措施如耕地、铲膛可以疏松土壤,增加土壤的通气性。

4.1.2 土壤的主要性状

4.1.2.1 土壤质地

土壤的泥砂比例被称为土壤质地。直径小于 0.01 mm 的土粒称泥;直径为 0.01～1 mm 的土粒称砂;直径大于 1 mm 的土粒称砾石。根据土壤质地不同,将土壤分为砂土、黏土和壤土。

(1)砂土:这类土壤砂粒含量在 80% 以上,土粒之间大孔隙多,土壤密度在 1.4～1.7 g/cm^3 之间。因此,土壤昼夜温差大,通透性好,有机质矿化快,易耕作;但保水保肥能力差,遇水易板结,肥力一般较低。种植作物要增施有机肥和少量多次地勤追化肥。

(2)黏土:这类土壤泥粒含量在 60% 以上,土壤密度在 2.6～2.7 g/cm^3 之间。土壤硬度大,黏着性、黏结性和可塑性都强。土壤保水保肥能力强,潜在肥力较高。但土壤紧密难以耕作,土温低,肥效不易发挥。因此,水田要注意管水,提高泥温,多施腐熟性有机肥和热性化肥。

（3）壤土：这类土壤泥砂比例适中，一般砂粒占 40%～55%，黏（泥）粒占 45%～60%。土壤密度在 1.1～1.4 g/cm³ 之间。壤土质地轻松，通气透水，保水保肥能力强，耕作爽犁。因此，它是水、肥、气、热协调的优质土壤。

4.1.2.2　土壤结构

土壤形成团聚体的性能，称为土壤的结构性。土粒胶结成直径为 1～10 mm 的团粒状土壤结构，称为团粒结构。团粒结构是土壤最理想的结构，其形成要素有两个：一是胶结物质。土壤中的胶结物质主要是黏粒、新形成的腐殖质和微生物的菌丝及分泌物。这些物质与钙胶结在一起，就形成了具有多孔性和养分丰富、不易被水泡散的水稳性团粒状土壤结构。因此，增施钙质肥料（石灰、石膏）对团粒结构的形成有促进作用。二是外力挤压作用。作物根系穿插、干湿交替、冻融交替和耕作都对黏聚起来的土粒产生外力挤压作用，使之散碎成一定大小的团粒。深耕、免耕、滴灌、水旱轮作，都有利土壤团粒结构的形成。

团粒结构优越性的具体表现：其一，能协调土壤水分和空气的矛盾。由于团粒间存在大孔隙，团粒内又有毛细管孔隙，这些结构使水分、养分、空气三者可以同时存在，有利于土壤水、肥、气、热状况的协调。其二，具有良好的养分状况。随着水分、空气矛盾的解决，水分与养分之间的矛盾也相应地解决。因团粒表面常发生好气分解，团粒内部又常发生嫌气分解，前者有利于土壤养分被作物吸收，后者有利于土壤腐殖质累积、养分保蓄。矛盾协调后的水分与养分就能有效地供给作物需要。其三，使土壤松软度适中。具有团粒结构的土壤，疏松多孔，犁耕阻力小，耕作省力，耕翻质量好；土壤细碎而均匀，既不紧硬，又不起浆浮泥；干燥时不出现大的裂缝，泡田渗漏损失也小。

4.1.2.3　土壤吸收性能

土壤有吸收固体、液体和气体的能力。其吸收方式分为五种。

（1）机械吸收作用：指土壤将大于土壤孔隙而悬浮于溶液中（如骨粉、饼肥、磷矿粉及粪便残渣等）的微细颗粒机械地阻留下来，使之不随土壤中渗水而流走的一种作用。土壤颗粒愈小，排列愈紧密，土壤孔隙愈细，机械吸收作用就越强，则土壤保肥性能越好。这种作用有利于增强新改稻田、新水库、塘坝的保水蓄水功能。

（2）物理吸收作用：指土壤胶体依靠其表面能将分子态养分吸附在表面上，而胶体与被吸附物不发生任何化学反应的一种作用。物理吸收作用对于分子态养分有保持能力，因此土壤中的氨气、尿素、氨基酸等分子态氮的挥发损失就会减少。

(3)化学吸收作用:指土壤中可溶性养分(如某些离子与带不同电荷的离子发生化学作用),由纯化学作用产生不溶性沉淀而固定在土壤内的作用。化学吸收作用虽然有效减少了可溶性养分的流失,但被固定下来的养分也难以再被作物吸收利用,故降低了养分的利用率。

(4)代换吸收作用:又称物理化学吸收作用。它指土壤胶体表面吸着许多与它带相反电荷离子的同时,其表面上又有等当量的同电荷的其他离子被代换出来的作用。其实质是一种离子(阳离子或阴离子)代换过程,是土壤胶体所吸收的离子和土壤溶液中的离子在相互代换。代换吸收作用是可逆的,即胶体所吸收的离子,又能重新被其他离子代换到溶液中去。因此,这种作用对调节土壤中可溶性养分的保蓄和供应具有重要意义。

(5)生物吸收作用:指生活在土壤中的微生物及作物根系和动物等,吸收养分构成有机体而保留在土壤中的一种性能。生物根据自身生命活动的需要,从土壤溶液中选择吸收各种可溶性养分,形成有机体。当它们凋亡后,有机残体又逐渐分解,释放出营养物质,供作物吸收利用。因此生物吸收作用能保持养分,积累养分,提高土壤肥力。

4.1.2.4　土壤酸碱度

土壤酸碱度是指土壤溶液中存在的 H^+ 和 OH^- 的量,通常用 pH 值表示。pH＝7 时土壤呈中性,这时溶液中 H^+ 和 OH^- 数量相等;pH＜7 时土壤呈酸性,这时溶液中 H^+ 多于 OH^-;pH＞7 时土壤呈碱性,这时溶液中 H^+ 少于 OH^-。

土壤酸碱度按其 pH 值的大小分为七级:

强酸性:pH＜4.5;

酸性:pH＝4.5～5.5 ;

微酸性:pH＝5.5～6.5;

中性或近于中性:pH＝6.5～7.5;

微碱性:pH＝7.5～8.5;

碱性:pH＝8.5～9.5;

强碱性:pH＞9.5。

(1)土壤酸碱性产生原因:土壤之所以有酸碱性,主要是因为土壤中存在酸碱物质。H^+ 来源主要是土壤胶体上吸附的 H^+ 和 Al^{3+};其次是二氧化碳溶于水形成碳酸解离的结果:$H_2CO_3 \Longrightarrow H^+ + HCO_3^-$,$HCO_3^- \Longrightarrow H^+ + CO_3^-$;除此之外,还有有机质分解产生的有机酸(丁酸、草酸、柠檬酸等),岩石风化过程中发生化学变化(如含硫矿物氧化)生成的酸以及施用肥料加进的酸性物质。

OH⁻ 的来源主要是土壤中碳酸钠、碳酸氢钠等盐类水解以及土壤胶体上所含的代换性钠形成强碱转化结果。例如：

$$Na_2CO_3 + 2H_2O \rightleftharpoons 2NaOH + H_2CO_3,$$

$$NaHCO_3 + H_2O \rightleftharpoons NaOH + H_2CO_3$$

（2）作物对土壤酸碱度的适应能力：强酸性与强碱性土壤都不利于作物生长。

不同的作物对土壤的酸碱度要求不同。如茶树只适宜在酸性土壤上生长，像映山红、马尾松、杨梅、蒜盘子等，就是酸性土壤的指示植物；而天竺、圆叶包柏、柏木是碱性土壤的指示植物。

此外，土壤酸碱度对营养元素的有效性及有益微生物的活动都有很大的影响，土壤过酸、过碱都不利于土壤良好结构的形成，这直接或间接地影响着作物的生长和发育。

4.1.2.5　土壤缓冲性能

在土壤中加入酸、碱性物质后，土壤所具有的抵抗土壤溶液酸化或碱化的能力，称为土壤缓冲性能。土壤胶体上代换性阳离子存在，对酸碱有缓冲作用。这是由于这些代换性阳离子（盐基离子或 H^+）被代换到溶液中生成了中性盐或 H_2O，可以使土壤的酸碱度保持稳定，为作物和微生物生长发育提供良好的环境条件，同时也为施肥指导提供依据。向土壤中施用有机肥料、泥土类（塘泥）肥料、石灰和种植绿肥等，都是提高土壤缓冲性能的有效措施。

4.1.3　土壤的类型

地球陆地表面土壤种类的分异和组合，与自然地理条件的综合变化密切相关。按土壤质地，土壤一般分为三大类：砂土、黏土、壤土。

砂土的砂粒含量高，颗粒粗，比表面积小，粒间大孔隙数量多，故土壤通气透水性好，土体内排水通畅，不易发生托水、内涝和上层滞水现象；保蓄性差，保水、持水、保肥性能弱，雨后容易造成水肥流失，水分蒸发速率快，多易引起土壤干旱。

黏土的通透性差，颗粒细微，粒间孔隙小，通气透水不良，排水不畅，容易造成地表积水、滞水和内涝；保蓄性强，土粒细小，胶体物质含量多，土壤固相比表面积巨大，表面能高，吸附能力强；吸水、持水、保水、保肥性能好，但肥效发挥缓慢。

壤土的含沙量、颗粒、渗水速度、保水性能以及通风性能都处于一般水平。优良的壤土中含有高达 50% 的空隙，内含水和空气各半，其他为适当比例的碎石、砂粒和黏土。

中国主要有 15 种土壤类型,分别是:砖红壤、赤红壤、红黄壤、黄棕壤、棕壤、暗棕壤、寒棕壤、褐土、黑钙土、栗钙土、棕钙土、黑垆土、荒漠土、高山草甸和高山漠土。

(1)砖红壤

砖红壤指发育在热带雨林或季雨林下强富铝化酸性土壤,在中国分布面积较小。海南岛砖红壤的分析资料表明:砖土壤风化程度很高,黏粒的二氧化硅/氧化铝比值(以下同)低于 1.5,黏土矿物含有较多的三水铝矿、高岭石和赤铁矿,阳离子交换量很少,盐基高度不饱和。风化淋溶作用强烈,易溶性无机养分大量流失,铁、铝残留在土中,颜色发红。土层深厚,质地黏重,肥力差,呈酸性至强酸性。

(2)赤红壤

赤红壤指发育在南亚热带常绿阔叶林下,具有红壤和砖红壤某些性质的过渡性土壤。风化淋溶作用略弱于砖红壤,颜色发红。土层较厚,质地较黏重,肥力较差,呈酸性。

(3)红壤和黄壤

红壤和黄壤均为中亚热带常绿阔叶林下生成的富铝化酸性土壤。前者分布在干湿季变化明显的地区,淀积层呈红棕色或桔红色,剖面下部有网纹和铁锰结核,二氧化硅/氧化铝比值为 1.9～2.2,黏土矿物含有高岭石、水云母和三水铝矿;后者分布在多云雾、水湿条件较好的地区,以川、黔两省为主,以土层潮湿、剖面中部形成黄色或蜡黄色淀积层为其特征,黏土矿物含有较多的针铁矿和褐铁矿。

黄壤形成所需热量比红壤略少,但要求水湿条件较好。有机质来源丰富,但分解快,流失多,因此土壤中腐殖质少,土性较黏。因淋溶作用较强,故钾、钠、钙、镁积存少,而含铁、铝多,土壤呈均匀的红色。因黄壤中的氧化铁水化,土层呈黄色。

(4)黄棕壤

黄棕壤为亚热带落叶阔叶林杂生常绿阔叶林下发育的弱富铝化、黏化、酸性土壤,分布于长江下游,位于黄、红壤和棕壤地带之间,既具有黄壤与红壤富铝化作用的特点,又具有棕壤黏化作用的特点。黄棕壤呈弱酸性,自然肥力比较高。

(5)棕壤

棕壤主要分布于暖温带的辽东半岛和山东半岛,为夏绿阔叶林或针阔混交林下发育的中性至微酸性的土壤。其特点是在腐殖质层以下具棕色的淀积黏化层,土壤矿物风化度不高,二氧化硅/氧化铝比值 3.0 左右,黏土矿物以水云母和蛭石为主,并有少量高岭石和蒙脱石,盐基接近饱和。土壤中的黏化作用强烈,还产生较明显的淋溶作用,使钾、钠、钙、镁元素都被淋失,黏粒向下淀积。土层较厚,质地比较黏重,表层有机质含量较高,呈微酸性。

（6）暗棕壤

暗棕壤又称暗棕色森林土，是发育在温带针阔混交林或针叶林下的土壤，分布在东北地区的东部山地和丘陵，位于棕壤和漂灰土地带之间，与棕壤的区别在于腐殖质累积作用较明显，淋溶淀积过程更强烈，黏化层呈暗棕色，结构面上常见有暗色的腐殖质斑点和二氧化硅粉末。土壤呈酸性，它与棕壤相比，表层有较丰富的有机质，腐殖质的积累量多，是比较肥沃的森林土壤。

（7）寒棕壤（漂灰土）

寒棕壤分布在大兴安岭中北部，是北温带针叶林下发育的土壤，亚表层具弱灰化或离铁脱色的特征，常出现漂白层，呈强酸性，盐基高度不饱和，属于生草灰化土和暗棕壤之间的过渡性土类，可认为是在地方性气候和植被影响下形成的特殊土被。土壤进行着比较特殊的漂灰作用（氧化铁被还原随水流失的漂洗作用和铁、铝氧化物与腐殖酸形成螯合物向下淋溶并淀积的灰化作用）。土层薄，有机质分解慢，有效养分少。

（8）褐土

褐土又称褐色森林土，分布于中国暖温带东部半湿润、半干旱地区，形成于中生夏绿林下。其特点为腐殖质层以下具褐色黏化层、风化程度低，二氧化硅/氧化铝比值为 3.0～3.5，含有较多水云母和蛭石等黏土矿物，石灰聚积以假菌丝形状出现在黏化层之下。褐土经长期土类堆积覆盖和耕作影响，在剖面上部形成厚达 30～50 cm 以上的熟化层，即变成褐土。褐土主要分布于陕西的关中地区。土壤呈中性、微碱性，矿物质、有机质积累较多，腐殖质层较厚，肥力较高。

（9）黑钙土

黑钙土分布在半干旱地区，植被以草原植被为主，也有草甸草原植物，有机质的累积量小，分解强度较黑土大，腐殖质层一般厚约 30～40 cm；石灰在土壤中淋溶淀积，常在60～90 cm 处形成粉末状或假菌状的钙积层，这是黑钙土区别于其他黑土的重要特征。腐殖质含量最为丰富，腐殖质层厚度大，土壤颜色以黑色为主，呈中性至微碱性，含钙、镁、钾、钠等无机养分也较多，土壤肥力高。

（10）栗钙土

栗钙土分布于内蒙古高原东部和中部的广大草原地区，是钙层土中分布最广、面积最大的土类。腐殖质积累程度比黑钙土弱些，但也相当丰富，厚度也较大，土壤颜色为栗色。土层呈弱碱性，局部地区有碱化现象。土壤质地以细砂和粉砂为主，区内沙化现象比较严重。

（11）棕钙土

与栗钙土相比较，棕钙土腐殖质累积过程更弱，而石灰的聚积过程则大为增强，钙积层的位置在剖面中普遍升高;形成于温带荒漠草原环境,主要分布于内蒙古高原的中西部、鄂尔多斯高原的西部和准噶尔盆地的北部,是草原向荒漠过渡的地带性土壤。腐殖质积累是钙层土中最少的,腐殖质层厚度是钙层土中最小的,土壤颜色以棕色为主,土壤呈碱性,地面普遍多砾石和沙,并逐渐向荒漠土过渡。

(12)黑垆土

陕西北部、宁夏南部、甘肃东部等黄土高原上土壤侵蚀较轻,黑垆土主要分布于地形较平坦的黄土源区。黑垆土由黄土母质形成,植被与栗钙土地区相似。腐殖质的积累和有机质含量不高,腐殖质层的上下段颜色差别比较大,上半段为黄棕灰色,下半段为灰带褐色,好像黑垆土是被埋在下边的古土壤。

(13)荒漠土

荒漠土分布于内蒙古、甘肃的西部,新疆的大部,青海的柴达木盆地等地区,分布面积很大,约占全国总面积的1/5。植被稀少,以非常耐旱的肉汁半灌木为主。荒漠土基本上没有明显的腐殖质层,土质疏松,缺少水分,土壤剖面几乎全是砂砾,碳酸钙表聚、石膏和盐分聚积多,土壤发育程度差。

(14)高山草甸土

高山草甸土分布于青藏高原东部和东南部,阿尔泰山、准噶尔盆地以西山地和天山山脉。高山草甸植被剖面由草皮层、腐殖质层、过渡层和母质层组成。土层薄,土壤冻结期长,通气不良,土壤呈中性。

(15)高山漠土

高山漠土分布于藏北高原的西北部,昆仑山脉和帕米尔高原,植被的覆盖度不足10%。土层薄,石砾多,细土少,有机质含量很低,土壤发育程度差,呈碱性。

4.1.4　土壤污染

4.1.4.1　土壤污染的概念

土壤污染属于环境污染的范畴。《中国大百科全书 环境科学》对环境污染的定义:指人类活动所引起的环境质量下降而有害于人类或生物正常生存和发展的现象。环境污染的产生可由量变引发质变。当造成污染的物质浓度或总量超出环境的自净能力,便可能引发危害。环境污染按环境要素可分为大气污染、水体污染和土壤污染等。

土壤污染指人类活动产生的污染物进入土壤并积累到一定程度,引起土壤环境质量恶化,对生物、水体、空气或/和人体健康产生危害的现象(这种恶化现象体现在对各种受体的危害)。按此定义,土壤污染应同时具备两个条件:一是人类活动引起的外源污染物进入土壤;二是导致土壤环境质量下降,且有害于受体如生物、水体、空气或人体健康。土壤污染是一个由量变到质变的发展过程,发生质变时的污染物浓度就是土壤污染临界值。

(1)土壤污染物的种类

土壤污染物的种类繁多,按污染物的性质一般可分为 4 类:有机污染物、重金属、放射性元素和病原微生物。

①有机污染

土壤的有机污染作为影响土壤环境的主要污染物,已成为国际上关注的热点。有毒、有害的有机污染物在环境中不断积累,到一定时间或在一定条件下有可能给整个生态系统带来灾难性的后果,即所谓的"化学定时炸弹"。目前我国土壤的有机污染十分严重,且对农产品和人体健康的影响已开始显现。如我国从 1959 年起在长江中下游地区用五氯酚钠防治血吸虫病,其中的杂质二噁英已造成区域性二噁英类污染。有机氯农药已禁用了近 20 年,土壤中的残留量已大大降低,但检出率仍很高。

②重金属污染

随着工业、城市污染的加剧和农用化学物质种类、数量的增加,土壤重金属污染日益严重,污染程度在加剧,污染面积在逐年扩大。重金属污染物在土壤中移动性差、滞留时间长、不能被微生物降解,并可通过水、植物等介质最终影响人类健康。

据农业部进行的全国污灌区调查,在约 140 万公顷的污水灌区中,遭受重金属污染的土地面积占污水灌区面积的 64.8%,其中轻度污染的占 46.7%,中度污染的占 9.7%,严重污染的占 8.4%。我国每年因重金属污染而减产粮食 1000 多万吨,被重金属污染的粮食每年多达 1200 万吨,合计经济损失至少 200 亿元。从目前开展的重金属污染调查情况来看,我国大多数城市近郊土壤都遭受不同程度的污染。

③放射性元素污染

近年来,随着核技术在工农业、医疗、地质、科研等领域的广泛应用,越来越多的放射性污染物进入土壤中。放射性元素主要来源于大气层核实验的沉降物,以及原子能和平利用过程中所排放的各种废气、废水和废渣。含有放射性元素的物质不可避免地随自然沉降、雨水冲刷和废弃物堆放进入并污染土壤。这些放射性污染物除可直接危害人体健康外,还可以通过生物链和食物链进入人体,在人体内产生内照射,损伤人体组织细胞,进而引起肿瘤、白血病和遗传障碍等疾病。

④病原微生物污染

土壤中的病原微生物（包括病原菌和病毒等）主要来源于人畜的粪便及用于灌溉的污水（如未经处理的生活污水，特别是医院污水）。人类若直接接触含有病原微生物的土壤，可能会对健康带来不利影响；若食用被病原微生物污染的土壤上的蔬菜、水果等，则会间接影响健康。

（2）土壤污染的特点

①土壤污染具有隐蔽性和滞后性

大气、水和废弃物污染等问题一般都比较直观，通过感官就能发现。而土壤污染则不同，它往往要通过对土壤样品进行分析化验和农作物的残留检测，甚至通过研究对人畜健康状况的影响才能确定。因此，土壤污染从污染产生到出现问题通常会滞后较长的时间，因此土壤污染问题一般都不太容易受到重视。

②土壤污染具有累积性

污染物在大气和水体中，一般都比在土壤中更容易发生迁移。这使得污染物在土壤中并不像在大气和水体中那样容易扩散和稀释，因此容易在土壤中不断积累而超标，同时也使土壤污染具有很强的地域性。

③土壤污染具有不可逆转性

重金属对土壤的污染基本上是一个不可逆转的过程，许多有机化学物质造成的土壤污染也需要较长的时间才能降解。

④土壤污染具有难治理性

若大气和水体受到污染，在阻断污染源之后，通过稀释和自净化作用，有可能使污染问题得到解决。但土壤中积累的难降解污染物，则很难靠稀释和自净化作用来消除。

土壤污染一旦发生，仅仅依靠阻断污染源的方法往往很难自我恢复，部分治理技术可能见效较慢，有时要靠换土、淋洗土壤等方法才能解决污染问题。因此，土壤污染的治理成本一般较高，治理周期较长。

4.1.4.2　土壤污染的来源

土壤是一个开放系统，与其他环境要素间进行着物质和能量的交换，因此造成土壤污染的污染源极为广泛，有自然污染源，也有人为污染源。自然污染源指某些矿床的元素和化合物的富集中心周围，由于矿物的自然分解与分化，往往形成自然扩散带，使附近土壤中某元素的含量超过一般土壤的含量。人为污染源是土壤环境污染的主要研究对象，包括工业污染源、农业污染源和生活污染源。

（1）工业污染源

由于工业污染源的空间位置确定并且排放的污染物稳定,其造成的污染多属点源污染。工业污染源导致的污染主要包括采矿业对土壤的污染、工业生产过程中产生的"三废"污染。其中"三废"污染主要包括:

①工业排放废气中,以粉尘、二氧化硫和一氧化碳为主的,约占大气污染物总量 3/4 的污染物会随着降水、自然沉降落入土壤中;

②工业废水排入江河湖泊和海洋,部分污水会直接渗入土壤或被引流于农田,污染土壤和农产品;

③工业废渣不仅占据大量的空间,而且含有有害成分,被水溶解后造成土壤污染和水污染。

（2）农业污染源

农业生产中,人们为了提高农产品的产量,过多地施用化学农药、化肥,用污水灌溉,施用污泥,生活垃圾,使土壤环境遭受不同程度的污染。农用地膜残留、畜禽粪便及农业固体废弃物等,也可使土壤环境遭受不同程度的污染。由于农业污染源大多无确定的空间位置,污染物排放具有不确定性且无固定的排放时间,因此农业污染多属面源污染,复杂性和隐蔽性更突出,且不容易被有效控制。

（3）生活污染源

生活污染源主要包括城市生活污水、屠宰加工厂污水、医院污水、生活垃圾、公路交通污染、电子垃圾污染等。

4.1.4.3　土壤污染的途径

土壤是各种污染物的最终归宿,世界上 90% 的污染物最终会滞留在土壤中。土壤中的污染物会向水体中迁移,附着在土壤颗粒上的重金属能够进入大气,并通过大气环流在全球范围内传播。土壤中的有害物质不仅能够通过食物和水体影响人体健康,而且附着在土壤颗粒上的重金属元素还会通过人的呼吸作用进入人体。土壤及地下水污染途径如图 4.1 所示。

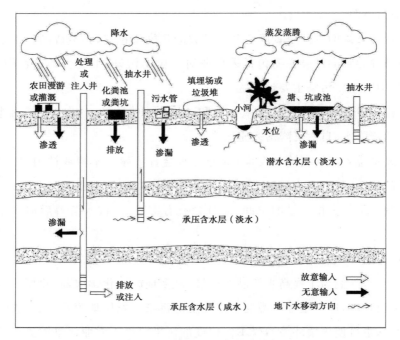

图 4.1　土壤及地下水污染途径

根据污染物质性质的不同,土壤污染物可分为无机物和有机物两类:无机物主要包括汞、铬、铅、铜、锌等重金属和砷、硒等非金属;有机物主要包括酚、有机农药、油类、苯并芘类和洗涤剂类等。这些化学污染物主要来源于污水、废气、固体废物、农药和化肥,并逐渐在土壤中积累。

(1)污水灌溉

生活污水和工业废水中含有氮、磷、钾等许多植物生长所需要的营养成分,因此合理地使用污水灌溉农田,通常可以达到增产的目的。然而污水中含有的重金属、酚、氰化物等许多有毒有害物质若未经处理直接进入农田,将会导致严重的土壤污染问题。如冶炼、电镀、汞化物生产等产生的工业废水能引起重金属污染;石油化工、化肥生产、农药生产等产生的工业废水会引起有机物污染。

(2)工业废气

工业生产排放的有毒废气影响范围大,会对土壤造成严重污染。工业废气污染大致分为两类:一类是气体污染,常见的污染物有二氧化硫、氟化物、臭氧、氮氧化物、碳氢化合物等;另一类是气溶胶污染,如粉尘、烟尘等固体粒子及烟雾、雾气等液体粒子,它们通过自然沉降或降水进入土壤,造成土壤污染。如有色金属冶炼厂排出的废气中含有铬、铅、铜、镉等重金属,会对附近的土壤造成污染;生产磷肥、氟化物的工厂会对附近的土壤造成粉尘污染和氟污染。

（3）化肥

施用化肥是农业增产的重要措施,但不合理地使用化肥,也会引起土壤污染。长期大量施用氮肥,会破坏土壤结构,造成土壤板结,使其生物学性质恶化,影响农作物的产量和质量。过量施用硝态氮肥,会使饲料作物含有过多的硝酸盐,牲畜摄入后会妨碍其体内氧的输送,使其患病,严重的将导致牲畜死亡。

（4）农药

农药能防治病、虫、草害,若施用得当,可保证作物的增产,但其对土壤的危害很大;若施用不当,会引起土壤污染。喷施于作物体上的农药(如粉剂、水剂、乳液等),有 50% 左右散落于农田,这一部分农药与直接施用于田间的农药(如拌种消毒剂、地下害虫熏蒸剂和杀虫剂等)构成农田土壤中农药的基本来源。农作物从土壤中吸收农药,在根、茎、叶、果实和种子中富集,通过食物、饲料危害人体和牲畜的健康。此外,农药在杀虫、防病的同时,也使有益于农业的微生物、昆虫、鸟类遭到伤害,破坏了生态系统。

（5）固体废物

工业废物和城市垃圾是土壤的固体污染物。各种农用塑料薄膜若管理、回收不当,会造成农田"白色污染"。这种固体污染物具有很强的物理、化学、生物稳定性,可长期滞留土壤中,造成土壤污染。

（6）工业场地污染

工业场地主要指该地块有工业生产的历史。企业在主要原辅料、产品或固体废弃物(危废)等生产、储存、处理、堆积、处置或迁移过程中,由于不合理的处理方式或过程,使土壤及地下水受到污染。未产生健康风险或生态风险时的场地统称为沾污场地。而当场地具有显性或潜在的健康风险或生态风险或已产生危害时,称为场地污染。场地污染是指在一定空间域上的土壤及含水层中污染物浓度及暴露量达到不可接受的生态或健康风险水平,或已经超过国家及地方限定值的现象。场地污染通常发生在不同行业的工业企业、矿业和商业等人类活动过程中,如加油站。判断一个场地是否受到污染通常要通过污染评价或风险评估确定。

4.2　地下水基础理论

4.2.1　地下水的内涵

地球上的水根据其分布区域可分为三大部分,即大气水(atmospheric water)、地表水(surface water)和地下水(ground water)。其中,地下水是以各种形式赋存于地面以下岩石空隙中的水,狭义上指地下水面以下饱和含水层中的水。根据中华人民共和国国家环境保护标准中的《环境影响评价技术导则 地下水环境》(HJ 610—2016),地下水指埋藏在地面以下饱和含水层中的重力水。

地下水也是参与自然界水循环过程中处于地下隐伏径流阶段的循环水。地下水是储存和运动于岩石和土壤空隙中的水,那么地下水必然要受到地质条件的控制。地质条件包括岩石性质、空隙类型与连通性、地质地貌特征、地质历史等。地下水环境是地质环境的组成部分,它是地下水的物理性质、化学成分和贮存空间及其由于自然地质作用和人类工程——经济活动作用下所形成的状态总和。在岩土工程领域,地下水是岩土的重要组成部分,地下水的赋存状态与渗流特性对岩土的理化性质有着极其重要的影响,进而影响工程结构承载能力、变形性状与稳定性、耐久性等;在环境岩土方面,地下水的赋存状态、理化性质及渗流特性时刻决定了污染物的迁移、转化过程和归宿。

4.2.1.1 岩土中的空隙

岩石和土体空隙既是地下水的储存场所,又是其运移通道。空隙的大小、数目、连通性、充填程度及其分布规律决定地下水埋藏条件。根据成因可把空隙分为孔隙、裂隙与溶隙三种(见图4.2),并可把岩层划分为孔隙岩层(松散沉积物、砂岩等)、裂隙岩层(非可溶性的坚硬岩层)与可溶岩层(可溶性的坚硬岩石)。孔隙岩层中的空隙分布比裂隙可溶岩层均匀。溶隙一般比孔隙、裂隙岩层中的空隙规模大,故又称为溶穴。

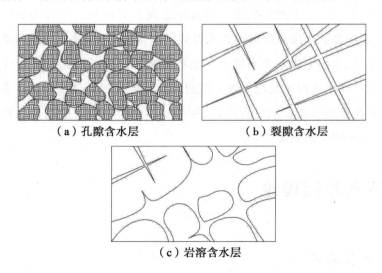

(a)孔隙含水层　　　　　　(b)裂隙含水层

(c)岩溶含水层

图4.2　岩土空隙

（1）孔隙

松散岩石是由大小不等的土壤颗粒组成的。颗粒或颗粒集合体之间的空隙，称为孔隙。岩石中孔隙体积的大小是影响其储容地下水能力大小的重要因素。孔隙体积可用孔隙度表示。孔隙度 n 是指某一体积的岩土体（包括孔隙在内）中孔隙体积 V_P 与岩土体总体积 V 的百分比。岩土体总体积 V 为含空隙体积 V_P 和土壤颗粒骨架体积 V_S 之和：

$$V = V_P + V_S \tag{4.1}$$

$$n = \frac{V_P}{V} \times 100\% = \frac{V - V_S}{V} \times 100\% \tag{4.2}$$

式中，孔隙度 n 可用小数或百分数表示。n 越大，表明岩土体中孔隙越多，含水量相应也越高。各种典型岩土的孔隙度值见表 4.1。

表 4.1　典型岩土的孔隙度数值表

岩石名	孔隙度
粗的有填充的砾石	28
粗砂	39
淤泥	6
黏土	42
细砂岩	33
石灰岩	30
砂丘砂	45
黄土	49
凝灰岩	41
玄武岩	17
风化的花岗岩	45

由于多孔介质中并非所有的孔隙都是连通的，只有开孔与开孔连通的孔隙才能允许液体流动，在应用上也更有价值，于是人们提出了有效孔隙度 n_e 的概念。有效孔隙度指在一般压力条件下，重力水流动的孔隙体积 $(V_P)_e$（不包括结合水占据的空间）与岩土体积的百分比，其表达式为：

$$n_e = \frac{(V_P)_e}{V} \times 100\% \tag{4.3}$$

式中，有效孔隙体积 $(V_P)_e$，即岩土体中相互连通的孔隙体积，不含死端孔隙体积及结合水所占据的体积。显然,有效孔隙度 n_e 小于孔隙度 n。

衡量岩土体内孔隙多少的另一个重要指标是孔隙比 e,其表达式为:

$$e = \frac{V_p}{V_S} = \frac{n}{1-n} \qquad (4.4)$$

式中,e 为孔隙比,是反应岩土体密实程度的重要指标。e 值越大,表明岩土体越疏松,反之则越密实。一般 $e<0.6$ 的土是密实的高压缩性土,$e>1.0$ 的土是疏松的低压缩性土。

当涉及水的储存与迁移时,常采用孔隙度来评价。而涉及岩土的压缩变形时则采用孔隙比来评价。松散岩石中的孔隙分布于颗粒之间,孔隙连通良好且分布均匀,在不同方向上,孔隙通道的大小和多少都很接近,赋存于其中的地下水分布与流动都比较均匀。一般孔隙率随岩石性质不同而有所不同,这与组成岩石颗粒的形状、排列、淘选度(颗粒大小一致的程度)和胶结度有关。颗粒愈圆、排列愈整齐、淘选度愈佳、胶结度愈低,则岩石的孔隙率愈高。土壤颗粒的性状越不规则,棱角越明显,岩土体内的土壤排列就越松散,孔隙度也越大。

孔隙大小对地下水的迁移有着重要的影响,而影响孔隙大小的主要因素是土壤颗粒大小。但孔隙的大小并不取决于土壤颗粒的平均直径,而是细微颗粒的直径及其所占的比例。此外,孔隙大小还与土壤颗粒形状、排列方式及胶结程度有关。

(2)裂隙

固结的坚硬岩石,包括沉积岩、岩浆岩和变质岩,一般不存在或仅保留一小部分颗粒之间的孔隙,而主要发育各种应力作用下岩石破裂变形产生的裂隙。裂隙按成因可分为成岩裂隙、构造裂隙和风化裂隙。

成岩裂隙是岩石在成岩过程中由于冷凝收缩(岩浆岩)或固结干缩(沉积岩)而产生的。岩浆岩中成岩裂隙较为发育,尤以玄武岩中柱状节理最有意义。构造裂隙是岩石在构造变动中受力而产生的。这种裂隙具有方向性,大小悬殊(由隐蔽的节理到大断层),分布不均一。各种构造节理、断层都是构造裂隙。风化裂隙则是在风化营力作用下,岩石破坏产生的裂隙,主要分布在地表附近。

裂隙的多少以裂隙率表示。裂隙率 f_r 是裂隙体积 V_f 与包括裂隙在内的岩石体积 V 的比值,即:

$$f_r = \frac{V_f}{V} \qquad (4.5)$$

或

$$f_r = \frac{V_f}{V} \times 100\% \qquad (4.6)$$

除了这种体积裂隙率,还可用面裂隙率或线裂隙率说明裂隙的多少。在野外研究裂隙时,应注意测定裂隙的方向、宽度、延伸长度、填充情况等,因为这些因素都对地下水的运动具有重要影响。坚硬基岩的裂隙是宽窄不等、长度有限的线状缝隙,往往具有方向性。只有当不同方向的裂隙相互穿切连通时,才在一定范围内构成彼此连通的裂隙网络。裂隙的连通性远差于孔隙。因此,赋存于裂隙基岩中的地下水相互联系较差,分布与流动往往是不均匀的。

（3）溶穴

可溶的沉积岩,如岩盐、石膏、石灰岩和白云岩等,在地下水溶蚀下会产生空洞,这种空隙称为溶穴(或溶隙)。溶穴的体积 V_k 与包括溶穴在内的岩石体积 V 的比值即为岩溶率 k_r,即：

$$k_r = \frac{V_k}{V} \tag{4.7}$$

或

$$k_r = \frac{V_k}{V} \times 100\% \tag{4.8}$$

溶穴的规模悬殊,较大的溶穴宽数十米,高数十米乃至百余米,长几千米至几十千米,而较小的溶穴直径仅几毫米。岩溶发育带岩溶率可达百分之几十,而其附近岩石的岩溶率几乎为零。可溶岩石的溶穴一部分是由原有裂隙与原生孔缝溶蚀扩大而成的,空隙大小悬殊且分布极不均匀。因此,赋存于可溶岩石中的地下水分布与流动通常极不均匀。

4.2.1.2　水在岩土体中的存在形式

岩石空隙中存在着各种形式的水,按其物理性质可分为气态水、结合水(吸着水和薄膜水)、毛细管水、重力水和固态水等主要形式。此外,还有存在于矿物晶体内部及其间的沸石水、结晶水与结构水。水文地质学所研究的主要对象是饱和带的重力水,即在重力作用支配下运动的地下水。

（1）气态水

气态水是呈水汽状态赋存或运动于未饱和的岩土空隙中的水。它的形成原因包括大气中的气态水进入岩土空隙中和岩土体内液态水的蒸发。它可以随空气的流动而流动,也可以在气压、温度改变时往低压或低温处迁移,具有较大的活动性。此外,岩土体内的气态水非常容易被吸附于土壤颗粒表面变成结合水。

（2）结合水

岩土体中的结合水可以分为吸着水（强结合水）和薄膜水（弱结合水）。松散岩土颗粒表面一般带负电荷，具有静电吸附能力。颗粒越小，静电吸附能越大。水分子是带正负电荷的偶极子，一端带正电荷，另一端带负电荷。在岩土颗粒静电吸附能的作用下，水分子可以牢固地被吸附在岩土颗粒的表面，形成水分子薄膜。形成的这种薄膜即结合水。

按照岩土颗粒表面静电吸附能的强弱，结合水可分为强结合水和弱结合水。

强结合水也称为吸着水，是紧附于岩土颗粒表面结合最紧密的一层水，被约一万个大气压强度的吸引力作用直接吸附在岩土颗粒表面。在强压下，水分子被压扁，紧密挤压在一起，使它与一般液态水不同。吸着水的密度约为 $2 g/cm^3$，具有非常大的黏滞性与弹性，且不受重力作用而运动，也不能传递静水压力，只有加热到 $105\sim110$ ℃以上时才能以水蒸气的形式脱离颗粒表面。它的冰点为 -78 ℃。吸着水与气态水之间存在动力平衡的关系，不为植物根系所吸收。

弱结合水也称为薄膜水，指包围在强结合水薄膜的外层，由于分子力作用而黏附在岩土颗粒上的水。由于它离岩土颗粒表面较远，故受到的静电引力也较小。其密度和普通水的密度相差不大，但黏滞性较普通水的大。与强结合水类似，弱结合水在重力作用下也不会运动，不传递静水压力。但在饱水带中，其能传递静水压力，静水压力大于结合水的抗剪强度时能够运动。

在压力或温度改变时，弱结合水可以脱离岩土颗粒表面析出成重力水或蒸发成气态水。如在抽取松散沉积物中的承压含水层时，含水层内的黏性土夹层或限制层中的弱结合水可能转化为重力水，进而对承压水的水质和水量产生影响。

（3）毛细管水

毛细管水（capillary water）又称毛细水，是由于毛细作用而赋存于土层或岩层毛细空隙中的地下水。毛细管水经常存在于沙土和粉土层中，而在孔隙大的沙砾层中较少。孔隙过小的黏土，其孔隙多为结合水所占据，毛细管水也较少。在表面张力和重力的作用下，毛细管中的水自液面上升到一定高度后稳定下来的高度称为毛细上升高度。毛细水上升高度主要取决于岩土空隙大小，空隙愈大，毛细水上升高度愈小。潜水面以上常形成毛细水带，由于该毛细水是由地下水水面支持的，故又称为支持毛细水。在潜水面以上的包气带中，还有因为毛细作用而滞留在毛细空隙中的悬挂毛细水和滞留在颗粒角间的角毛细水。

毛细管水能传递静水压力，并能在毛细空隙中运动，易被植物利用。地下水面离地表较浅时，毛细管水有时会引起土壤沼泽化或盐碱化以及道路冻胀和翻浆等。

（4）重力水

重力水（gravity water）又称自由水（free water），是岩土中在重力作用下能自由运动的地下水。重力水可以传递静水压力，有溶解能力，易于流动。如泉水、井水和矿坑涌水都属于重力水，是水文地质学研究的主要对象。

（5）固态水

当岩土体的温度低于水的冰点时，赋存于岩土空隙中的水冻结成冰即形成固态水。一般固态水分布于雪线以上的高山和寒冷地带，那里的浅层地下水终年以固态水（冰）的形式存在。当温度、压强等条件改变时，固态水可以转变成重力水。

另有一种在常温下呈胶状的固态水，又称为固态束缚水。它的物理性状明显不同于普通水，除了它的不流动性以外，还有 0 ℃不结冰、100 ℃不融化等特殊性能，一般用于造林绿化和农牧业生产。也有报道称伊利诺伊大学的两位物理学家在研究地下水时发现，处于地下深处两个矿物层中的水，由于受到高压的作用变成了类似"果冻"状的胶状体，呈现出固态水的性状。

气态水、结合水、毛细水和重力水在地壳最表层岩土中的分布具有一定的规律性。如果对松散岩土往下开挖，刚开始挖掘出来的干燥土壤其实是含有一定量的气态水和结合水的。当挖掘到潮湿的土壤时，此时的土壤中除了有气态水和结合水之外，还含有毛细水。如果继续往下挖，则会出现可流动性的液态水，即重力水。

4.2.2　地下水的理化性质

地下水赋存和运动于岩土颗粒的空隙之中，并参与自然界的水循环，不断与周围的土体、地表水及空气等发生复杂的物理和化学反应，从而具有一定的物理性质和化学性质。与此同时，地下水在参与自然界的水循环的过程中，其自身的物理性质和化学性质又不断发生变化。地下水的理化性质的变化与地下水环境的质量有着密切的关系。

4.2.2.1　地下水的物理性质

地下水的物理性质主要指温度、颜色、透明度、气味、味道、比重、导电性及放射性等。

（1）温度

地下水的温度一般与其所处的地理区域的地表温度相对应。埋藏深度不同，地下水的温度变化规律也不同。因此通过测量地下水的温度，可以了解它的来源。近地表的地下水，其温度受气候影响比较明显，水温有周期性昼夜变化和季节变化。再向下，地下水温度随深度增加而逐渐升高，但受昼夜影响却不明显了。地下水的温度对其化学成分有很大影响,这是因为水分子的运动速度、水的化学反应速度,以及各种物质在水中的溶解度等都与温度有密切的关系。

一般来说,地下水的温度比较稳定,愈是深层的地下水,水温愈稳定。当地下水的温度剧烈变动时,表示地下水有可能被污染。若地下水水温突然升高,可能是因为有温度较高的地面水大量流入。水温可以影响水中细菌的生长繁殖和水的自然净化作用,对水的净化消毒有重要影响。

当深度变化比较大时,即从宏观来说,地下水越深,水温就越高。从地面往下深度每增加100 m,水温大约上升3 ℃。地表以下5~10 m的地层水温不随室外大气温度的变化而变化,常年维持在15~17 ℃。到了一定深度后,深度每增加100 m,温度大约上升1 ℃或者2 ℃以上。

(2)颜色

通常,地下水是无色透明的。当地下水中的某类化学物质含量较多时,地下水可能呈现出不同的色彩:硬度大(钙离子、镁离子含量大)的地下水可呈浅蓝色;含有铁的氢氧化物时,地下水中可出现褐色絮状沉淀;含氧化铁(Fe_2O_3)的地下水呈浅红褐色或锈色;含氧化亚铁(FeO)的地下水呈浅蓝色;含硫化氢的地下水,由于有硫磺胶体生成,常呈翠绿色;沼泽地带含腐殖质的地下水,呈浅褐色或黑灰黄色等。

(3)透明度

纯水是透明的。地下水按其透明度可分为四级:透明的、半透明的、微透明的和不透明的(见表4.2)。这和其中溶解的盐类、混杂悬浮物、有机质和胶体的多少及性质有关。一般水中杂质含量越多,其对光线的阻碍程度就越大,水越不透明。

表4.2　地下水透明度分级

类别	特性
透明的	无悬浮物及胶体,60 cm水深可见3 mm粗线
半透明的	含少量悬浮物质,大于30 cm水深可见3 mm粗线
微透明的	含较多的悬浮物,半透明状,小于30 cm水深可见3 mm粗线
不透明的	含大量的悬浮物或胶体,似乳状,水很浅也看不清楚3 mm粗线

(4)气味

地下水一般是无嗅无味的,如果含有杂质就可能有气味。如含硫化氢的地下水有臭鸡蛋味,含较多亚铁盐的地下水有铁腥味,含腐殖质的地下水有鱼腥味等。气味的强弱与温度有关,一般在低温时气味较弱,随着温度的升高气味愈加强烈,在40 ℃左右时气味最为显著。

（5）味道

地下水的味道取决于其含有的化学成分：如含氯化钠（NaCl）的水有咸味，含氯化镁（$MgCl_2$）和硫酸镁（$MgSO_4$）的水有苦味，含硫酸钠（Na_2SO_4）的水具有涩味，含碳酸根（CO_3^{2+}）或者碳酸氢根（HCO_3^-）的水清凉可口，含氧化亚铁（FeO）的水有"墨水味"等。

（6）比重

地下水的比重取决于所溶盐类的含量。地下纯水的比重与化学纯水的比重相同，其数值为1.0。水中溶解的盐类越多，水的比重就越大，有些地下水的比重甚至可以达到1.2～1.3。

（7）导电性

地下水的导电性取决于其所溶解的电解质的种类和数量，即多种离子的含量与离子价态。离子含量越高、离子价态越高，地下水的导电性也越强。此外，水温影响电解质的溶解，进而也会影响地下水的导电性。

（8）放射性

地下水具有一定的放射性，但一般极为微弱。其放射性的强弱取决于所含放射性元素的种类和数量。一般地，赋存和运动于放射性矿床及酸性火山岩区域的地下水的放射性较强。

4.2.2.2　地下水的化学性质

水是良好的溶剂。由于与岩石、土壤、气体相互作用，地壳中循环的地下水能溶解各种盐类，含有多种离子，目前已发现的离子有62种。其中，较常见且含量较多的离子有氯离子（Cl^-）、硫酸根离子（SO_4^{2-}）、碳酸氢根离子（HCO_3^-）、钾离子（K^+）、钙离子（Ca^{2+}）、镁离子（Mg^{2+}）等。此外，还常含有二氧化碳（CO_2）、氧气（O_2）、氮气（N_2）、甲烷（CH_4）、硫化氢（H_2S）以及少量惰性气体（如氡）等。

氡（Rn）是放射性元素铀（U）和镭（Ra）衰变的产物。氡具有由压力大的地方向压力小的地方转移的性质。此外，它的迁移还取决于射气作用、溶解作用和扩散作用，而与地下水的化学组分无关。地下水温度升高能引起急剧的脱气作用，使氡在水中的溶解度降低。在浅层地下水中，氡含量的变化与气温、气压有一定的关系，而在深层地下水中这种影响很小。

4.2.3 地下水的类型

4.2.3.1 地下水的赋存

（1）包气带与饱水带

在地表以下一定深度，岩土体中的空隙会被重力水所充满，形成地下水面。地表与该水面之间的区域称为包气带。地下水面以下，土层或岩层的空隙全部被重力水充满的地块则称为饱水带。如图 4.3 所示。

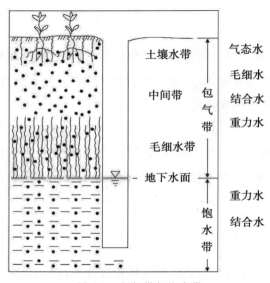

图 4.3　包气带与饱水带

在包气带中，空隙壁面（岩土颗粒表面）吸附着结合水，细小空隙中含有毛细水，未被液态水占据的空隙包含空气及气态水。当空隙中的水超过吸附力和毛细力所能支持的量时，空隙中的水便以过路重力水的形式向下运动。包气带水泛指赋存在包气带中的水，除了上述以各种形式赋存于包气带中的水之外，还包括由特定地质结构条件所形成的属于重力水状态的上层滞水。由于包气带中是含有空气的非饱和结构，处于大气水、地表水和地下水相互迁移转化的地带，故有时也称包气带水为非饱和带水。包气带水来源于大气降水的入渗，空气中气态水的迁移，地表水体的渗漏，地下水面通过毛细作用上升输送的水，以及地下水蒸发形成的气态水。包气带水的赋存与迁移受毛细力与重力的共同影响：重力使水分向下迁移；毛细力则将水分输向空隙细小或含水量较低的部位，在蒸发作用下，毛细力常常将水分由包气带下部输向上部。在雨季，包气带水以下渗为主；雨季过后，浅表的包气带水通过蒸发与植物蒸腾作用向大气圈排泄，一定深度以下的包气带水则继续下渗补给饱水带。

　　包气带自上而下的结构为土壤水带、中间带和毛细水带(见图 4.3)。包气带顶部的土壤水带中一般富含有机质,土壤具有团粒结构,赋存气态水、结合水和毛细水,是植物根系和微生物频繁活动的区域。包气带底部由地下水面支持的毛细水构成毛细水带。毛细水带的高度与岩性有关,其下部土壤中的水是饱和的。但因受毛细负压的作用,毛细水带的压强小于大气压强,故毛细饱水带的水不能自由流入井中。包气带厚度较大时,在土壤水带与毛细水带之间还存在中间带。若中间带由不同的岩性构成时,在细粒层中可含有成层的悬挂毛细水。细粒层之上局部还可滞留重力水。包气带的含水量、成分、物理特性受气象因素影响极为显著。此外,天然植被以及人工植被也对其起到很大作用。人类生产活动对包气带水质的影响已经愈来愈强烈。

　　包气带是饱水带与大气圈、地表水圈相互作用必经的通道,也是污染物从地表渗入地下水的必经之路。饱水带获得大气降水和地表水的补给需要通过包气带,又会通过包气带经蒸发与蒸腾作用排泄到大气圈。而饱水带的补给与排泄过程对包气带中的污染物有重要的影响。例如大气降水和地表水的补给通道可能是污染物在包气带中的优势通道,促使包气带中的污染物迁移,蒸发与蒸腾又可能带走一部分挥发性污染物。因此,研究包气带水形成及其运动规律对阐明污染物的迁移转化具有重要意义。

　　饱水带岩石空隙中充满了液态水,既有重力水,也有结合水。饱水带中的水体是连续分布的,能够传递静水压力,在水头差的作用下,可以发生连续运动。饱水带中的重力水是污染物迁移的主要载体,也是地下水环评的重点评价对象。

　　(2)上层滞水

　　当包气带存在局部隔水层(弱透水层)时,局部隔水层上会积聚具有自由水面的重力水,这便是上层滞水。上层滞水最接近地表,可接受大气降水的补给,通过蒸发或向隔水底板(弱透水层底板)的边缘下渗排泄。雨季获得补充,能够积存一定水量。旱季积蓄的水量逐渐耗失。当分布范围小且补给不充分时,不能长年保持有水状态。由于其水量小,动态变化显著,只有在缺水地区才能成为小型供水水源或暂时性供水水源。包气带中的上层滞水,对其下部的潜水的补给与蒸发排泄,起到一定的滞后调节作用。上层滞水极易受污染,利用其作为饮用水源时要格外注意卫生防护。

　　(3)含水层、隔水层与弱透水层

　　岩层按其渗透性可分为透水层与不透水层。饱含水的透水层称为含水层。不透水或透水性非常弱的岩层通常称为隔水层。

　　含水层是指能够透过水且饱含重力水的岩层,一般可以给出相当数量的水。含水层的构造条件包括:①良好的储存空间;②有利于储存地下水的地质构造;③有良好的补给来源。对于含水不均匀的岩层,如裂隙发育或岩溶发育的山区基岩地区,还可以按裂隙、岩溶的发育和分布及含水情况划分出含水带和含水段。例如穿越不同时代成因岩性的饱水断裂破碎带可以划分为一个含水带。某些含水量少、厚度较大的岩层,在剖面上某些段水量可能富集较多,则可以划归为含水段。

隔水层则是不能透过与给出水,或者透过与给出的水量非常少的岩层。隔水层可以是饱水带,如充满水的黏土;也可以是不含水的岩层,如交接紧密完整的坚硬岩层。自然界中不存在绝对不透水的岩层。隔水层与含水层是相对透水性的强弱而言,无严格的量化标准。岩性相同、渗透性完全相同的岩层,很可能在不同的地区被分别定义为含水层和隔水层。即使在同一个地方,渗透性相同的某一岩层,在涉及不同的问题时,也会有不同的定义。含水层、隔水层与透水层的定义取决于运用它们时的具体条件。

弱透水层指渗透性非常弱的岩层,一般只能提供非常有限的水。当驱动水流的水力梯度较大或过水断面较大时,渗透性非常弱的岩层也可以提供较多的水。松散沉积物中的黏性土,坚硬基岩中裂隙稀少而狭小的岩层(如砂质页岩、泥质粉砂岩等)都可以归入弱透水层之列。

当地层时代和岩石成因类型相同的几个含水层之间夹杂有若干厚度不大的弱含水层或隔水层时,可以将该区域归并为一个含水组。例如有些第四纪松散沉积物的砂层中,常夹有薄层的黏性土。它们有时有水力联系,有统一的地下水位,化学成分也相近,可以划归为一个含水组。对于统一构造中的几个含水组,彼此之间可以有相同的补给来源,或有一定的水力联系。在大范围研究一个地区的含水性时,则可以将它们归并为一个含水岩系,如第四系含水岩系。

4.2.3.2　地下水分类

广义的地下水指于地面以下岩土空隙中以各种形式存在的水,狭义的地下水仅指赋存于饱水带岩土空隙中的水。长期以来,水文地质学的研究重心都放在饱水带岩土空隙中的重力水上。随着学科的发展,特别是在土壤和地下水污染领域,人们认识到饱水带的水与包气带的水有着不可分割的联系,不研究包气带水,许多重大的水文地质问题和环境污染问题是无法解决的。此外,还有学者发现地球深部层圈中的水与地壳表层中的水有联系,他们把视野从地壳浅部的水扩展到地球深部层圈中的水。地下水可以根据其自身特征,如温度、酸碱性、氧化还原性及总溶解固体来分类;也可以按照其含水空间、埋藏条件、来源即埋藏深度进行分类。

地下水的赋存特征对其水量、水质时空分布有决定意义,其中最重要的是埋藏条件与含水介质类型。地下水的埋藏条件指含水层在地质剖面中所处的部位及所受隔水层限制的情况。根据地下水不同的埋藏条件,地下水可分为包气带水(含上层滞水)、潜水和承压水。赋存地下水的岩土称为含水介质。含水介质的内部结构包括孔隙、裂隙和溶隙(溶穴)。根据含水介质的不同,地下水还可以分为孔隙水、裂隙水和岩溶水。

(1)潜水

①潜水的概念

地面以下第一个具有自由表面的含水层中的重力水称作潜水(见图 4.4)。潜水上方没有隔水顶板(即无顶部隔水层),或只有局部的隔水顶板。潜水的表面为自由水面,称作潜水面。潜水的自由水面不承受除大气压强外的任何附加压强。从潜水的自由水面到隔水底板(底部隔水层)的距离为潜水含水层的厚度。潜水面到地面的距离为潜水埋藏深度。潜水在重力作用下由高处流往低处称为潜水流。在潜水流的渗透路径上,任意两点的水位差与这两点的水平距离之比称为潜水流在该处的水力梯度。潜水流的水力梯度一般都很小,常为万分之几至百分之几。潜水含水层厚度与潜水面潜藏深度随潜水面的升降而发生相应的变化。

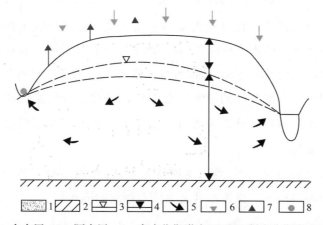

1—含水层;　2—隔水层;　3—高水位期潜水面;　4—低水位期潜水面;
5—大气降水入渗;　6—蒸发;　7—潜水流向;　8—泉。

图 4.4　潜水

②潜水的特征

潜水一般埋藏于第四纪松散沉积物中,也可形成于裂隙性或可溶性基岩中。由于潜水含水层上面不存在完整的隔水顶板,因而在全部分布范围内的潜水都可以通过包气带接受大气降水、地表水的补给。潜水与大气圈及地表水圈联系密切,气象、水文因素的变动对它影响显著。丰水季节或年份,潜水的补给量大于排泄量,潜水面上升,含水层厚度增大,埋藏深度变小。干旱季节,潜水的排泄量大于补给量,潜水面下降,含水层厚度变小,埋藏深度变大。潜水的动态有明显的季节变化特点。

潜水在重力作用下由水位高的地方向水位低的地方流动。潜水出流的区域称为排泄区。潜水的排泄,除流入其他含水层外,泄入大气圈与地表水圈的方式有两种:一种是径流排泄,水径流到地形低洼处,以泉、泄流等形式向地表或地表水体排泄;另一种是蒸发排泄,通过地表蒸发或植物蒸腾进入大气。对于径流排泄,因水分和盐分同时排出,潜水中的化学成分一般不会变化。对于蒸发排泄,由于蒸发排泄只排泄水分,水中的盐不会随之蒸发,因此会导致潜水中盐浓度上升,例如干旱地区盆地中心形成的咸水湖就是潜水蒸发排泄的结果。潜水与水循环联系密切,资源易于补充恢复,但易受气候影响,且含水层厚度一般比较有限,其资源通常缺乏多年调节性。潜水的水质主要取决于气候、地形及岩性条件。

③潜水等水位线图

一般情况下,潜水面是向排泄区倾斜的曲面,其起伏大体与地形一致且较缓和,同时受含水层岩性、厚度及隔水底板形状等的影响(见图4.5)。潜水面下任一点的高程称为该点的潜水位。将潜水位相等的各点连线,即得潜水等水位线图(见图4.6)。该图对于研究污染物在潜水中的迁移转化具有重要的意义。垂直等水位线由高到低为潜水流向(严格地说,这是潜水流向的水平投影)。相邻两条等水位线的水位差除以其水平距离即为潜水面坡度。当潜水面坡度不大时,即可视为潜水水力梯度。利用同一地方的潜水等水位线图与地形图可以求取各处的潜水埋藏深度,并判断沼泽、泉的出露与潜水面的关系以及潜水与地表水体的相互补给关系等。潜水面的陡缓程度有时也能反映潜水含水层厚度与渗透性的变化。

潜水的基本特点是与大气圈、地表水圈联系密切,积极参与水循环。决定这一特点的根本原因是其埋藏特征——位置浅且上面没有连续的隔水层。

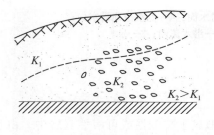
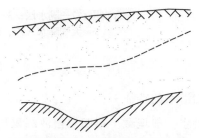

(a)潜水面形状与岩层透水性的关系　　(b)潜水面形状与含水层厚度的关系

图4.5　潜水面形状变化图

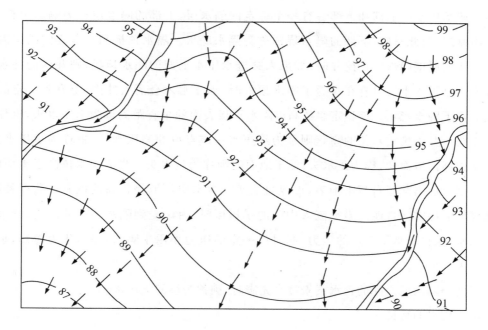

图 4.6　潜水等水位线图

（2）承压水

①承压水的概念

位于两个隔水层之间的含水层中所赋存的具有静水压力的重力水是承压水。典型的承压含水层可分为补给区、承压区及排泄区三部分（见图 4.7）。

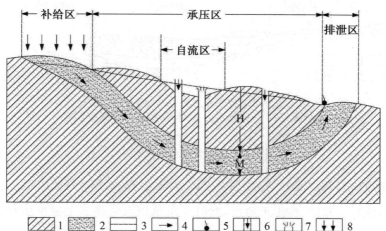

1—隔水层；2—含水层；3—地下水位；4—地下水流向；5—泉（上升泉）
6—钻孔，虚线为进水部分；7—自喷钻孔；8—大气降水补给；H 压力
水头高度；M—含水层厚度。

图 4.7　承压水

一般承压水的上部和下部各有一个稳定的隔水层,上部的隔水层称为隔水顶板,也称为限制层;与此对应,下部的隔水层则称为隔水底板。隔水顶板和底板之间的距离称为承压水的厚度(M)。在挖井时,如果未穿透承压水上部的隔水顶板,则井内的井水是潜水而不是承压水。只有在穿透了隔水顶板时,承压水才会涌入井内,上升到一定的高度之后再下降至稳定。该稳定水位高出隔水顶板表面的垂直距离称为承压水头,也称为压力水头。井内稳定水位的高程则称为承压水在该点位的测压水位,也称为承压水位。承压水位高出地面的,称为正水头;低于地面的则称为负水头。当测压水位高于地面时,承压水就会溢出甚至自喷出地表,形成自流水。含水层从地势较高的裸露区获得补给,在地势低的裸露区排泄。当水流入中间的承压区时,由于受到隔水顶板的限制,含水层内充满水,水自身承受一定的压力,同时以一定的压力作用于隔水顶板,压力越高,承压水头越大。

当两个隔水层之间的含水层未被水充满时,则称为层间无压水。

②承压水的特征

承压水的形成主要取决于地质构造。在适宜的地质构造条件下,无论是孔隙水、裂隙水或岩溶水均能构成承压水。适宜形成承压水的蓄水构造(蓄水构造是指在地下水不断交替过程中能积蓄地下水的一种构造)大体可分为两类:一类是盆地或向斜蓄水构造,称为承压(或自流)盆地(见图4.8);另一类是单斜蓄水构造,称为承压(或自流)斜地。

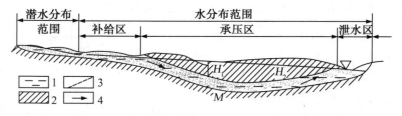

H_1—正水头;H_2—负水头;M—承压水厚度;
1—含水层;2—隔水层;3—承压水位;4—承压水流向

图4.8 承压盆地剖面示意图

当承压盆地内有几层承压含水层时,各个含水层都有不同的承压水位(见图4.9)。若蓄水构造与地形一致时,称为正地形,此时下层承压水位高于上层承压水位[见图4.9(a)];若蓄水构造与地形不一致时,称为负地形,其下层承压水位低于上层承压水位[见图4.9(b)]。水位高低的不同,可造成含水层之间通过弱透水层或断层发生水力联系,形成含水层之间的补给排泄关系。承压盆地的规模差异很大,四川盆地是典型的承压盆地。小型的承压盆地一般只有几平方千米。

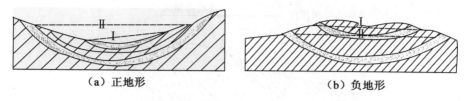

（a）正地形　　　　　　　　（b）负地形

1—含水层；2—隔水层；3—承压水位；Ⅰ—上层承压水位；Ⅱ—下层承压水位

图 4.9　承压蓄水构造与地形关系

承压斜地的形成有 3 种情况：

a.含水层被断层所截而形成的承压斜地（见图 4.10）。单斜含水层的上部出露地表成为补给区。下部被断层切割，若断层不导水，则向深部循环的地下水受阻，在与补给区相邻地段形成泉排泄。若断层是导水的，断层出露的位置又较低时，承压水可通过断层排泄于地表，此时补给区与排泄区位于承压区的两侧与承压盆地相似。

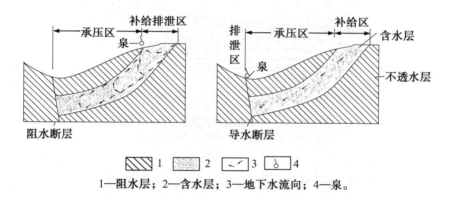

1—阻水层；2—含水层；3—地下水流向；4—泉。

图 4.10　断层形成的承压斜地示意图

b.含水层岩性发生相变和尖灭、裂隙随深度增加而闭合，使其透水性在某一深度变弱（成为不透水层）形成承压斜地（见图 4.11）。此种情况与阻水断层形成的承压斜地相似。

c.侵入岩体阻截形成的承压斜地。各种侵入岩体，如花岗岩、闪长岩等，当它们侵入透水性很强的岩层中并处于含水层下游时，便起到阻水作用而形成承压斜地。以山东济南的承压斜地为例。济南市南面为寒武奥陶系构成的山区，地形与岩层产状均向济南方向倾伏。由于市区北侧被闪长岩侵入体所阻截，来自南面千佛山一带石灰岩补给区的地下水流，便在侵入体接触带汇集起来，使水位抬高，形成了承压斜地。地下水通过近 20 m 厚的第四系覆盖层出露地表而成为泉（水文地质剖面图见图 4.12），如趵突泉、珍珠泉等泉群。在 2.6 km² 的范围内出露有 106 个泉，故济南有"泉城"之称。

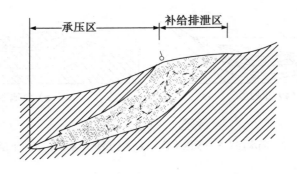

1—隔水层；2—含水层；3—地下水流向；4—泉。

图 4.11 岩性变化形成的承压斜地示意图

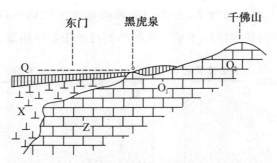

Q—第四系；O_2—中奥陶瓷统石灰岩；O_1—下奥陶
统白云岩；Z—寒武系石灰岩；X—闪长岩。

图 4.12 济南市(千佛山-趵突泉)水文地质剖面图

承压盆地和承压斜地在我国分布非常广泛。根据其地质年代和岩性的不同,可分为两类:一类是第四纪松散沉积物构成的承压盆地和承压斜地,广泛地存在于山间盆地中和山前平原上;另一类是第四纪以前坚硬岩层构成的承压盆地和承压斜地。

承压水的埋藏条件,决定了它与潜水具有不同的特征:

a.承压水具有承压性能,其顶面为非自由水面;

b.承压水分布区与补给区不一致;

c.承压水动态受气象、水文因素的季节性变化影响不显著;

d.承压水的厚度稳定不变,不受季节变化的影响;

e.承压水的水质不易受到污染。

③承压水等水压线图

承压水位标高相同点的连线,便是承压水等水压线。平面图上的等水压线图,可以反映承压水(位)面的起伏情况。承压水(位)面和潜水面不同:潜水面是一个实际存在的地下水面,即含水层的顶面;而承压水(位)面是一个势面,这个面可以与地形不吻合,甚至高出地面,只有当钻孔打穿上覆隔水层至含水层顶面时才能测到。因此,承压水等水压线图通常要附以含水层顶板等高线。

承压水等水压线图的绘制方法与潜水等水位线相似。在某一承压含水层内,将一定数量的钻孔、井、泉(上升泉)等的初见水位(或含水层顶板的高程)和稳定水位(即承压水位)等资料,绘在一定比例尺的地形图上,用内插法将承压水位等高的点相连,即得承压水等水压线图,如图4.13所示。

根据等水压线图,可以分析确定以下问题:

a.确定承压水的流向:承压水的流向应垂直等水压线,常用箭头表示,箭头指向较低的等水压线。

b.计算承压水某地段的水力坡度:也就是确定承压水(位)面坡度。在承压水流向方向上,取任意两点的承压水位差,除以两点间的距离,即得该地段的平均水力坡度。

c.确定承压水位距地表的深度:可由地面高程减去承压水位得到。这个数字越小,开采利用越方便;该值是负值时,表示水会自溢于地表。据此可选定开采承压水的地点。

d.确定承压含水层的埋藏深度:用地面高程减去含水层顶板高程即得。

e.确定承压水头值的大小:承压水位与含水层顶板高程之差,即承压水头值高度。据此,可以预测开挖基坑和洞室时的水压力。

(3)潜水与承压水的相互转化

在自然或人为条件下,潜水与承压水经常处于相互转化的状态。显然,除了部分构造封闭、与外界没有联系的承压含水层外,所有承压水归根结底都是由潜水转化而来;部分由补给区的潜水侧向流入,部分通过弱透水层接受潜水的补给。

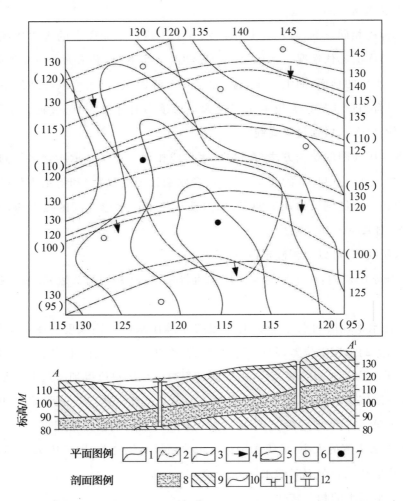

平面图例　〰1　〽2　〰3　▶4　〰5　○6　●7

剖面图例　▨8　▧9　〰10　〒11　⟙12

1—地形等高线；2—含水层顶板等高线；3—等水压线（m）；4—地下水流向；
5—承压水自溢区；6—钻孔（平面图）；7—自喷钻孔（平面图）；8—含水层；9—隔水层；
10—承压水位线；11—钻孔（剖面图）；12—自喷钻孔（剖面图）。

图 4.13　承压水等水压线图

对于孔隙含水系统，承压水与潜水的转化更为频繁。孔隙含水系统中不存在严格意义上的隔水层，只有作为弱透水层的黏性土层。山前倾斜平原，缺乏连续的、厚度较大的黏性土层，分布着潜水。进入平原后，作为弱透水层的黏性土层与砂层交互分布。浅部发育潜水（赋存于砂土与黏性土层中），深部分布着由山前倾斜平原潜水补给形成的承压水。由于承压水水头高，在此通过弱透水层补给其上的潜水。因此，在这类孔隙含水系统中，天然条件下存在着山前倾斜平原潜水转化为平原承压水，最后又转化为平原潜水的过程。

天然条件下,平原潜水同时接受来自上部的降水入渗补给和来自下部的承压水越流补给。随着深度的增加,降水补给的份额减少,承压水补给的比例加大。同时,黏性土层也自上而下逐渐增多。因此,含水层的承压性是自上而下逐渐加强的。换句话说,平原潜水与承压水的转化是自上而下逐渐发生的,两者的界限不是截然分明的。开采平原深部承压水后其水位低于潜水时,潜水便反过来成为承压水的补给源。

　　基岩组成的自流斜地中(见图4.14),由于断层不导水,天然条件下潜水及其相邻的承压水通过共同的排泄区以泉的形式排泄。含水层深部的承压水则基本上是停滞的。如果在含水层的承压部分打井取水,井周围测压水位下降,潜水便全部转化为承压水随着开采排泄了。

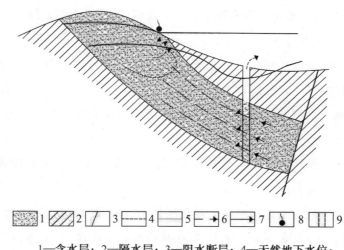

1—含水层；2—隔水层；3—阻水断层；4—天然地下水位；

5—开采后的地下水位；6—潜水流线；7—承压水流线；

8—泉；9—开采钻孔。

图 4.14　潜水与承压水的转化

　　由此可见,潜水和承压水的分类界限是十分明确的。但是,自然界中的情况是复杂的,实际情况下往往存在各种过渡与转化的状态,切忌用绝对的、固定不变的观点去分析水文地质问题。

4.2.4　地下水污染

4.2.4.1　地下水污染的概念

　　地下水污染(ground water pollution)主要指人类活动引起地下水化学成分、物理性质和生物学特性发生改变而使地下水质量下降的现象。我国的地下水污染可分为四类：一是地下淡水的过量开采导致沿海地区的海（咸）水入侵，二是地表污（废）水排放和农耕污染造成的硝酸盐污染，三是石油和石油化工产品的污染，四是垃圾填埋场渗滤液污染。其中，农耕污染具有量大面广的特征，部分氮肥在经过地层时通过生化反应转化成硝酸盐和亚硝酸盐，人类长期饮用这种污染的地下水可能引发氰紫症、食道癌等疾病。

一般而言，地下水由于贮存于地下含水介质中，不易被污染。一方面，包气带具有过滤屏障作用，可将进入地下的有害物质过滤掉；另一方面，污染物在进入地下水的过程中易被土壤、岩石及水体中的微生物降解，从而危害性降低，因此地下水污染常被人们忽视。由于环境容量的有限性，一旦进入地下水系统的污染物超出地下水自净能力，将会对地下水造成一定污染。地下水污染很难被及早发现，其后果不可预测。

地下水污染具有如下特点：

（1）不确定性。地下水含水介质的差异性和复杂性，决定了地下水污染范围的不确定性。地下水一旦被污染，其范围很难准确圈定。

（2）隐蔽性。地下水污染很难被发现，不像地表水污染直观明显而易于监测，因此很少引起人们的关注。

（3）延时性。地下水污染早期不易被觉察，待人们发觉水质有明显变异特征时地下水已被污染（或严重污染）。

（4）广泛性。由于地下水处于不断运移和循环中，经历着补给、径流、排泄各个过程，在复杂的地质环境体系中，各个水力系统有着密切的水力联系，从而决定了地下水污染范围的广泛性。

（5）不可还原性。地下水运移于含水介质中，受含水介质差异性、空隙、裂隙系统的限制，地下水的运移速率很小。地下水在含水系统中的循环周期也相当长（几年、几十年、几百年），使得受污染的地下水体在地下滞留时间长，受污染的地下水在较短时间内难以彻底修复。

4.2.4.2　地下水污染来源

向地下水排放或释放污染物的场所称为"地下水污染源"。从不同角度可将地下水污染源划分为各种不同的类型。

按污染源的自然属性可将地下水污染源划分为：天然污染源（如地表污染水体、地下高矿化水或其他劣质水体、含水层或包气带所含的某些矿物等）和人为污染源。人为污染源又根据产生各种污染物的部门和人为活动划分为工业污染源、农业污染源、生活污染源、矿业污染源、石油污染源等。

按污染物进入地下水以前所在的具体地点、场所和建筑物,可将污染源划分为:工业和生活废水贮存地段(地面集水池、沉淀池、蒸发池、残渣水池等);工业及生活固体废物堆放地段(如垃圾堆、化粪池、盐场等)和工业生产污秽地区;损坏了的排水系统及个别在工艺过程中使用液体的车间场地;石油产品、化工原料及其产品堆放地段;施用肥料和有毒农药的耕地以及用污水灌溉的耕地;排泄污水的钻孔和水井;与开采层有水力联系的地下高矿化含水层;与含水层有水力联系的污秽地表水体等。

在进行地下水污染研究时,常常将以上两种地下水污染源划分方法混合使用,即污染物的来源有具体的场所或建筑时尽量用之,若没有,则采用较抽象的划分方式,按照污染物产生的行业类型,可以将地下水污染源分为工业污染源、农业污染源、生活污染源和自然污染源。

(1)工业污染源

工业污染源主要指未经处理的工业"三废",即废气、废水和废渣。工业废气,如二氧化硫、二氧化碳、氮氧化物等物质,会对大气产生严重的一次污染,而这些污染物又会随降雨落到地面,随地表径流下渗对地下水造成二次污染;未经处理的工业废水,如电镀工业废水、工业酸洗污水、冶炼工业废水、石油化工有机废水等有毒有害废水,直接流入或渗入地下水中,造成地下水污染;工业废渣,如高炉矿渣、钢渣、粉煤灰、硫铁渣、电石渣、赤泥、洗煤泥、硅铁渣、选矿场尾矿及污水处理厂的淤泥等,由于露天堆放或地下填埋隔水处理不合格,经风吹、雨水淋滤,其中的有毒有害物质随降水直接渗入地下水,或随地表径流往下游迁移而下渗至地下水中,形成地下水污染。

(2)农业污染源

农业用水占用水总量的 70% 以上,农业污染源的影响面广。主要原因在于:一是由于过量施用农药、化肥,残留在土壤中的农药、化肥随雨水淋滤渗入地下,引起地下水污染;二是由于地表水污染严重,农业灌溉使用被污染的地表水,造成污水中的有毒有害物质侵蚀土壤,并下渗到地下水中,造成地下水污染。

(3)生活污染源

随着我国城镇化步伐的加快,生活垃圾与生活污水量激增,由于无害化处理率低,造成对陆地生态环境和水生态环境的严重污染。我国每年累计垃圾产生量达 720 亿吨,占地面积约为 5.4 亿平方米,并以每年约 3000 万平方米的速度增长,全国已有 200 多个城市陷入垃圾重围之中。由于没有对生活垃圾进行有效分类,大量有毒物质及危险废弃物与生活垃圾一起混合填埋,加上垃圾填埋处理技术落后、垃圾填埋选址不当等原因,垃圾填埋场的渗漏问题已经造成地下水的严重污染,成为地下水的主要污染源之一。同时,大量未经处理的生活污水,在严重污染地表水的同时,通过下渗也对地下水造成了不同程度的污染。

(4)自然污染源

有些地区由于特殊的自然环境与地质环境,地下水天然背景不良、有毒有害成分超标。根据中国地质环境监测院调查统计,我国部分地区分布有高砷水、高氟水、低碘水等。全国有1亿多人正在饮用不符合标准的地下水。这些地区的人们长期以来一直遭受砷中毒、地方性甲状腺肿、地方性氟中毒、地方性心肌病等困扰。

4.2.4.3　地下水污染途径

地下水污染途径指污染物从污染源进入地下水中所经过的路径,主要包括间歇入渗型、连续入渗型、越流型和径流型。

(1)间歇入渗型[见图4.15(a)]

间歇入渗型的特点是污染物通过大气降水或灌溉水的淋滤,使固体废物、表层土壤或地层中的有毒或有害物质周期性(灌溉旱田、降雨时)从污染源经过包气带土层渗入含水层。这种渗入一般是呈非饱水状态的淋雨状渗流形式,或者呈短时间的饱水状态连续渗流形式。间歇入渗型污染,无论在其范围还是浓度上,均可能呈现明显的季节性变化特征,污染的对象主要是浅层地下水。

(2)连续入渗型[见图4.15(b)]

连续入渗型的特点是污染物随各种液体废弃物不断地经包气带渗入含水层。这种情况,要么包气带完全饱水,呈连续入渗的形式,要么包气带上部的表土层完全饱水,呈连续渗流形式,而其下部(下包气带)呈非饱水的淋雨状的渗流形式渗入含水层。连续入渗型的污染对象也主要是浅层含水层。

上述两种途径的共同特征是污染物都是自上而下经过包气带进入含水层的。因此对地下水污染程度的大小,主要取决于包气带的地质结构、物质成分、厚度以及渗透性等因素。

(3)越流型[见图4.15(c)]

越流型的特点是污染物通过层间越流的形式转入其他含水层。这种转移要么是通过天然途径(水文地质天窗)进行,要么是通过人为途径(结构不合理的井管、破损的老井管等)进行,要么是人为开采引起的地下水动力条件的变化改变了越流方向,使污染物通过大面积的弱隔水层越流转移到其他含水层。越流型污染可能来源于地下水环境本身,也可能来源于外部,它可能污染承压水或潜水。研究越流型污染的困难之处是难以查清越流所在的具体的地点及地质部位。

(4)径流型[见图 4.15(d)]

径流型的特点是污染物通过地下水径流的形式进入含水层,即污染物通过废水处理井,或者通过岩溶发育的巨大岩溶通道,或者通过破裂的废液地下储存层的隔离层进入其他含水层。此种形式的污染,其污染物来源可能是人为来源也可能是天然来源,可能污染潜水或承压水。径流型污染范围可能不是很大,但污染程度往往十分严重。

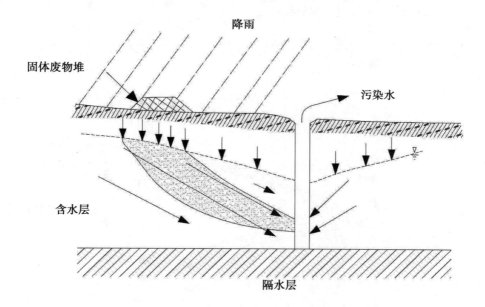

(a)间歇入渗型

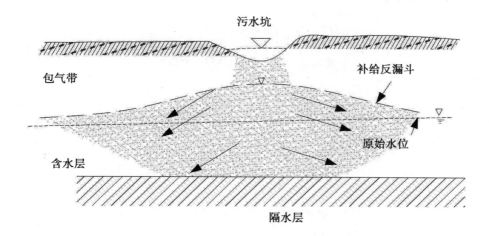

(b)连续入渗型

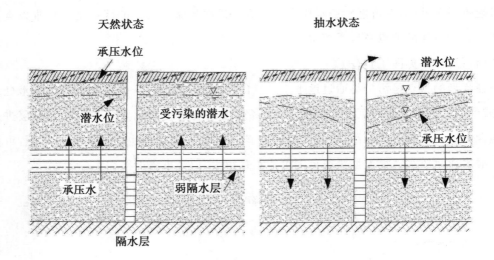

（c）越流型

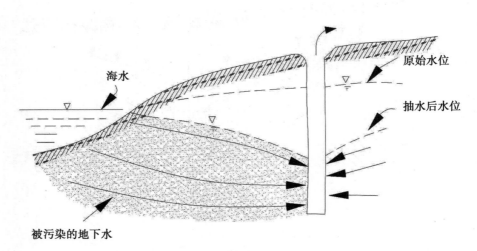

（d）径流型

图 4.15　地下水污染途径示意图

第5章 土壤与地下水污染调查评估

5.1 土壤与地下水污染状况调查的必要性

近年来,随着我国经济的快速发展,城市不断向外扩张,规模不断扩大,由此引发的地块污染事件时有发生。其所带来的严重危害以及长期的负面隐患,将直接影响人类及其周围的生态环境。污染地块的数量和污染程度呈现逐年上升的态势。它所造成的土壤土质破坏、地下水水质恶化以及连锁反应,最终给人类健康带来严重的危害。土地使用功能遭到严重的破坏,水资源的保护和经济社会的可持续发展受到阻碍,这些都已经成为全世界关注的环境问题,同时也是亟待解决的问题。

随着城市化进程加快、产业结构的调整,原在市区内的大量工业企业逐步搬迁至工业园区,导致遗留下来的污染场地数量越来越多。为保障人居环境安全、国民身体健康和社会稳定,亟须开展土壤及地下水污染调查。

土壤与地下水污染调查是全面识别和评估地块环境污染或潜在环境污染的过程,即对地块历史上和现在的各类生产储存活动,特别是可能造成污染或易造成潜在污染的活动进行调查、分析,评估污染地块的环境现状和环境风险,确定地块是否被污染以及污染范围、污染程度,并提出相对应的污染治理修复措施的技术方法和手段。因此,对于工业企业地块,尤其是在高污染、重污染工业企业搬迁、关停后,土地规划性质和功能变更前或转型前,要及时开展土壤与地下水污染调查评估工作,全面掌握地块土壤和地下水污染的基本情况,包括污染物种类及浓度、污染范围及程度等。防止工业企业在被淘汰或搬迁中发生二次污染和次生突发环境事件,确保原址污染地块再开发利用前环境风险得到有效控制。

5.2 土壤与地下水污染调查

5.2.1 土壤污染状况调查

土壤污染状况调查基本程序见图 5.1。

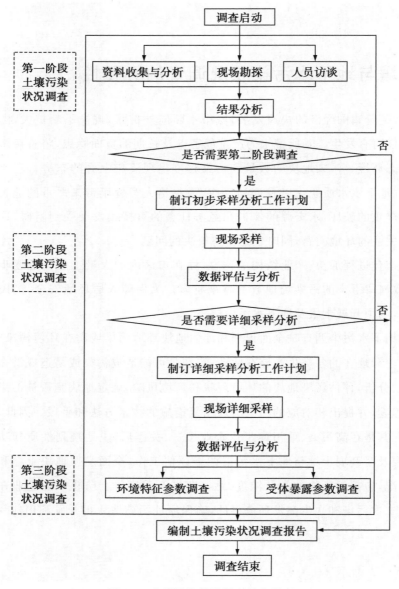

图 5.1 土壤污染状况调查基本程序

土壤污染状况调查可分为三个阶段：

（1）第一阶段土壤污染状况调查：以资料收集、现场踏勘和人员访谈为主的污染识别阶段，原则上不进行现场采样分析。若第一阶段调查确认地块内及周围区域当前和历史上均不可能存在污染源，则认为地块的环境状况可以接受，调查活动到此结束。

（2）第二阶段土壤污染状况调查：以采样与分析为主的污染证实阶段。若第一阶段土壤污染状况调查表明地块内或周围区域存在可能的污染源，如化工厂、农药厂、冶炼厂、加油站、化学品储罐、固体废物处理等可能产生有毒有害物质的设施或活动，以及由于资料缺失等造成无法排除地块内外不存在污染源时，进行第二阶段土壤污染状况调查，确定污染物种类、浓度（程度）和空间分布。

第二阶段土壤污染状况调查通常可以分为初步采样分析和详细采样分析两步，每步均包括制定工作计划、现场采样、数据评估和结果分析等步骤。初步采样分析和详细采样分析均可根据实际情况分批次实施，逐步减少调查的不确定性。

根据初步采样分析结果，如果污染物浓度均未超过《土壤环境质量 建设用地土壤污染风险管控标准（试行）》（GB 36600—2018）等国家和地方相关标准以及清洁对照点浓度（有土壤环境背景的无机物），并且经过不确定性分析确认不需要进一步调查后，第二阶段土壤污染状况调查工作可以结束；否则认为可能存在环境风险，须进行详细调查。标准中没有涉及的污染物，可根据专业知识和经验综合判断。详细采样分析是在初步采样分析的基础上，进一步采样和分析，确定土壤污染程度和范围。

（3）第三阶段土壤污染状况调查：以补充采样和测试为主，主要目的是获得满足风险评估及土壤和地下水修复所需的参数。本阶段的调查工作可单独进行，也可在第二阶段调查过程中同时开展。

5.2.1.1　第一阶段土壤污染状况调查

（1）资料收集与分析

资料收集与分析主要包括：地块利用变迁资料、地块环境资料、地块相关记录、有关政府文件以及地块所在区域的自然和社会信息。当调查地块与相邻地块存在相互污染的可能时，须调查相邻地块的相关记录和资料。

①地块利用变迁资料包括：用来辨识地块及其相邻地块的开发及活动状况的航片或卫星图片；地块的土地使用和规划资料；其他有助于评价地块污染的历史资料，如土地登记信息资料等；地块利用变迁过程中的建筑、设施、工艺流程和生产污染等的变化情况。

②地块环境资料包括：地块土壤及地下水污染记录，地块危险废物堆放记录，以及地块与自然保护区和水源保护区等的位置关系等。

③地块相关记录包括：产品、原辅材料及中间体清单、平面布置图、工艺流程图、地下管线图、化学品储存及使用清单、泄漏记录、废物管理记录、地上及地下储罐清单、环境监测数据、环境影响报告书或表、环境审计报告、地勘报告等。

④由政府机关和权威机构所保存和发布的环境资料，如区域环境保护规划、环境质量公告、企业在政府部门相关环境备案和批复以及生态和水源保护区规划等。

⑤地块所在区域的自然和社会信息包括：自然信息，如地理位置图、地形、地貌、土壤、水文、地质和气象资料等；社会信息，如人口密度和分布，敏感目标分布及土地利用方式，区域所在地的经济现状和发展规划，相关的国家和地方政策、法规与标准，以及当地地方性疾病统计信息等。

调查人员应根据专业知识和经验鉴别资料中的错误和不合理的信息，若资料缺失影响判断地块污染状况，应在报告中说明。

（2）现场踏勘

①安全防护准备

在现场踏勘前，根据地块的具体情况掌握相应的安全卫生防护知识，并装备必要的防护用品。

②现场踏勘的范围

以地块内为主，并应包括地块的周围区域。周围区域的范围应由现场调查人员根据污染可能迁移的距离来判断。

③现场踏勘的主要内容

现场踏勘的主要内容包括：地块的现状与历史情况，相邻地块的现状与历史情况，周围区域的现状与历史情况，区域地质、水文地质和地形的描述等。

a.地块现状与历史情况：可能造成土壤和地下水污染的物质的使用、生产、贮存，"三废"处理与排放以及泄漏状况，地块过去使用中留下的可能造成土壤和地下水污染的异常迹象，如罐、槽泄漏以及废物临时堆放污染痕迹。

b.相邻地块的现状与历史情况：相邻地块的使用现况与污染源，以及过去使用中留下的可能造成土壤和地下水污染的异常迹象，如罐、槽泄漏以及废物临时堆放污染痕迹。

c.周围区域的现状与历史情况：对于周围区域过去、当前土地利用的类型，如住宅、商店和工厂等，应尽可能观察和记录；周围区域废弃的和正在使用的各类井；污水处理和排放系统；化学品和废弃物的储存和处置设施；地面上的沟、河、池；地表水体、雨水排放和径流以及道路和公共设施。

d.区域地质、水文地质和地形的描述：应观察、记录地块及其周围区域的地质、水文地质与地形情况，并加以分析，以协助判断周围污染物是否会迁移到调查地块，以及地块内污染物是否会迁移到地下水和地块之外。

④现场踏勘的重点

重点踏勘对象一般应包括：有毒有害物质的使用、处理、储存、处置；生产过程和设备，储槽与管线；恶臭、化学品味道和刺激性气味，污染和腐蚀的痕迹；排水管或渠、污水池或其他地表水体、废物堆放地、井等。

同时应该观察和记录地块及周围是否存在可能受污染物影响的居民区、学校、医院、饮用水源保护区以及其他公共场所等，并在报告中明确其与地块的位置关系。

⑤现场踏勘的方法

可通过对异常气味的辨识、摄影和照相、现场笔记等方式初步判断地块污染的状况，也可以使用现场快速测定仪器。

（3）人员访谈

①访谈内容

访谈内容应包括资料收集和现场踏勘过程中产生的疑问，以及信息补充和已有资料的考证。

②访谈对象

受访者为地块现状或历史的知情人，应包括：地块管理机构人员、地方政府人员、环境保护行政主管部门人员、地块过去和现在各阶段的使用者，以及地块所在地的第三方人员或熟悉地块的第三方人员，如相邻地块的工作人员和附近的居民。

③访谈方法

可采取面对面交流、电话交流、电子或书面调查表等方式。

④内容整理

应对访谈内容进行整理，并对照已有资料，对其中可疑处和不完善处进行核实和补充，作为调查报告的附件。

（4）结论与分析

本阶段调查结论应明确表述地块内及周围区域有无可能的污染源，并进行不确定性分析。若可能存在污染源，应说明该污染源的污染类型、污染状况和来源，并应提出进行第二阶段土壤污染状况调查的建议。

5.2.1.2　第二阶段土壤污染状况调查

（1）初步采样分析工作计划

根据第一阶段土壤污染状况调查的情况制定初步采样分析工作计划，主要包括：核查已有信息，判断污染物的可能分布，制定采样方案，制定健康和安全防护计划，制定样品分析方案以及确定质量保证和质量控制程序等任务。

①核查已有信息

对已有信息进行核查,包括第一阶段土壤污染状况调查中重要的环境信息,如土壤类型和地下水埋深;查阅污染物在土壤、地下水、地表水或地块周围环境的可能分布和迁移信息;查阅污染物排放和泄漏的信息。应核查上述信息的来源,以确保其真实性和适用性。

②判断污染物的可能分布

根据地块的具体情况、地块内外的污染源分布、水文地质条件以及污染物的迁移和转化等信息,判断地块污染物在土壤和地下水中分布情况的可能性,为制定采样方案提供依据。

③制定采样方案

采样方案一般包括:采样点的布设,样品数量和样品的采集方法,现场快速检测方法,样品收集、保存、运输和储存等要求。

④制定健康和安全防护计划

根据有关法律法规和工作现场的实际情况,制定地块调查人员的健康和安全防护计划。

⑤制定样品分析方案

检测项目应根据保守性原则,依据第一阶段调查确定的地块内外潜在污染源和污染物,遵循国家和地方相关标准中的基本项目要求,同时考虑污染物的迁移转化,判断样品的检测分析项目;对于不能确定的项目,可选取潜在典型污染样品进行筛选分析。一般工业地块可选择的检测项目有:重金属、挥发性有机物、半挥发性有机物、氰化物和石棉等。若土壤和地下水明显异常而常规检测项目无法识别,可进一步结合色谱-质谱定性分析等手段对污染物进行分析,筛选判断非常规的特征污染物,必要时可采用生物毒性测试方法进行筛选判断。

⑥质量保证和质量控制

现场质量保证和质量控制措施应包括:防止样品污染的工作程序,运输空白样分析,现场平行样分析,采样设备清洗空白样分析,采样介质对分析结果影响分析,以及样品保存方式和时间对分析结果的影响分析等。

(2)详细采样分析工作计划

在初步采样分析的基础上制定详细采样分析工作计划。详细采样分析工作计划主要包括:评估初步采样分析工作计划和结果,制定采样方案,以及制定样品分析方案等。

①评估初步采样分析工作计划和结果

分析初步采样获取的地块信息,主要包括土壤类型、水文地质条件、现场和实验室检测数据等;初步确定污染物种类、程度和空间分布;评估初步采样分析的质量保证和质量控制。

②制定采样方案

根据初步采样分析的结果,结合地块分区,制定采样方案。应使用系统布点法加密布设采样点。对于需要划定污染边界的区域,采样单元面积应不大于 1600 m²(40 m× 40 m 网格)。垂直方向采样深度和间隔根据初步采样的结果判断。

③制定样品分析方案

根据初步调查结果,制定样品分析方案。样品分析项目以已确定的地块关注污染物为主。

④其他

详细采样工作计划中的其他内容可在初步采样分析计划基础上确定,并针对初步采样分析过程中发现的问题,对采样方案和工作程序等进行相应调整。

(3)现场采样

①采样前的准备

现场采样应准备的材料和设备包括:定位仪器、现场探测设备、调查信息记录装备、监测井的建井材料、土壤和地下水取样设备、样品的保存装置和安全防护装备等。

②定位和探测

采样前,可采用卷尺、GPS(全球定位系统)、经纬仪和水准仪等定位工具在现场确定采样点的具体位置和地面标高,并在图中表示。可采用金属探测器或探地雷达等设备探测地下障碍物,确保采样位置避开地下电缆、管线、沟、槽等。采用水位仪测量地下水水位,采用油水界面仪探测地下水中的非水相液体。

③现场检测

可采用便携式有机物快速测定仪、重金属快速测定仪、生物毒性测试等现场快速筛选技术手段进行定性或定量分析,可采用直接贯入设备现场连续测试地层和污染物垂向分布情况,也可采用土壤气体现场检测手段和地球物理手段初步判断地块污染物及其分布,指导样品采集及监测点位布设工作。采用便携式设备现场测定地下水水温、pH 值、电导率、浊度和氧化还原电位等。

④土壤样品采集

a.土壤样品分表层土壤和下层土壤。下层土壤的采样深度应根据污染物可能释放和迁移的深度(如地下管线和储槽埋深)、污染物性质、土壤的质地和孔隙度、地下水位和回填土等因素确定。可利用现场探测设备辅助判断采样深度。

b.采集含挥发性污染物的土壤样品时,应尽量避免对样品的扰动,严禁对样品进行均质化处理。

c.土壤样品采集后,应根据污染物理化性质等,选用合适的容器保存。如汞或有机污染的土壤样品应在低温(4 ℃以下)的条件下保存和运输。

d.土壤采样时应对样品名称和编号、气象条件、采样时间、采样位置、采样深度、样品质地、样品的颜色和气味、现场检测结果以及采样人员等内容进行现场记录。

e.地下水水样采集

地下水采样一般应建地下水监测井。监测井的建设过程分为设计、钻孔、过滤管和井管的选择和安装、滤料的选择和装填,以及封闭和固定等。所用的设备和材料应清洗除污,建设结束后需及时洗井。

f.其他注意事项

现场采样时,应避免采样设备及外部环境等因素污染样品,采取必要措施避免污染物在环境中扩散。

g.样品追踪管理

应建立完整的样品追踪管理程序,包括样品的保存、运输和交接等过程的书面记录和责任归属,避免样品出现问题。

(4)数据评估与分析

①实验室检测分析

委托有资质的实验室进行样品检测分析。

②数据评估

整理调查信息和检测结果,评估检测数据的质量,分析数据的有效性和充分性以及确定是否需要补充采样分析等。

③结果分析

根据土壤和地下水检测结果进行统计分析,确定地块关注污染物种类、浓度水平和空间分布。

5.2.1.3 第三阶段土壤污染状况调查

第三阶段土壤污染状况调查的主要工作内容包括地块特征参数和受体暴露参数的调查。

(1)调查地块特征参数和受体暴露参数

地块特征参数包括:不同代表位置和土层或选定土层的土壤样品的理化性质分析数据,如土壤 pH 值、容重、有机碳含量、含水率和质地等;地块(所在地)气候、水文、地质特征信息和数据,如地表年平均风速和水力传导系数等。根据风险评估和地块修复实际需要,选取适当的参数进行调查。

受体暴露参数包括:地块及周边地区土地利用方式、人群及建筑物等相关信息。

(2)调查方法

地块特征参数和受体暴露参数的调查可采用资料查询、现场实测和实验室分析测试等方法。

(3)调查结果

该阶段的调查结果供地块风险评估、风险管控和修复使用。

5.2.1.4 土壤样本设置方法

根据地块土壤污染状况调查阶段性结论指示的地理位置、地块边界及各阶段工作要求,确定布点范围。在所在区域地图或规划图中标注出准确的地理位置,绘制地块边界,并对场界角点进行准确定位。地块土壤环境监测中常用的监测点位布设方法包括判断布点法、系统随机布点法、分区布点法及系统布点法等,其适用条件见表 5.1。

表 5.1 常见的布点方法及适用条件

布点方法	适用条件
判断布点法	适用于潜在污染明确的场地
系统随机布点法	适用于污染分布均匀的场地
分区布点法	适用于污染分布不均匀,并且获得污染分布情况的场地
系统布点法	适用于各类场地,特别是污染分布情况不明确或污染分布范围大的场地。 可以获得污染分布,但其精度受网格间距的影响

判断布点法适用于潜在污染明确的场地。

系统随机布点法适用于场地内土壤特征相近、土地使用功能相同的区域。操作方法是将监测区域分成面积相等的若干地块,从中随机抽取一定数量的地块,在每个地块内布设一个监测点位。抽取的样本数要根据场地面积、监测目的及场地使用状况确定。

分区布点法适用于场地内土地使用功能不同及污染特征有明显差异的场地。操作方法是将场地划分成不同的小区,根据小区的面积或污染特征确定布点的方法。场地内按土地使用功能一般可分为生产区、办公区、生活区。

系统布点法适用于场地土壤污染特征不明确或场地原始状况严重破坏的情形。具体方法是将监测区域分成面积相等的若干地块,在每个地块内布设一个监测点位。网格点位数应视所评价场地的面积及潜在污染源的数量、污染物迁移情况等确定,原则上网格大小不应超过 1600 m²,也可参考《建设用地土壤污染状况调查与风险评估技术导则》(DB11/T 656—2019)中的相关推荐。

(1)土壤调查初步采样阶段监测点位的布设

①可根据原地块使用功能和污染特征,选择可能污染较重的若干工作单元,作为土壤污染物识别的工作单元。原则上监测点位应选择工作单元的中央或有明显污染的部位,如生产车间、污水管线、废弃物堆放处等。

②对于污染较均匀(包括污染物种类和污染程度)的地块和地貌严重破坏(包括拆迁性破坏、历史变更性破坏)的地块,可根据地块的形状采用系统随机布点法,在每个工作

单元的中心采样。

③应根据地块面积、污染类型及不同使用功能区域等调查阶段性结论确定监测点位的数量与采样深度。

④对于每个工作单元,表层土壤和下层土壤垂直方向层次的划分应综合考虑污染物迁移情况、构筑物及管线破损情况、土壤特征等因素。采样深度应不计地表非土壤硬化层厚度,原则上应采集0～0.5 m表层土壤样品,0.5 m以下下层土壤样品根据判断布点法采集,建议0.5～6 m土壤采样间隔不超过2 m;不同性质土层至少采集一个土壤样品。同一性质土层厚度较大或出现明显污染痕迹时,根据实际情况在该层位增加采样点。

⑤一般情况下,应根据地块土壤污染状况调查阶段性结论及现场情况确定下层土壤的采样深度,最大应到未受污染的深度为止。

(2)土壤调查详细采样阶段监测点位的布设

①当地块污染为局部污染,且热点地区(第一阶段及第二阶段初步采样所确认的污染地块)分布明确时,应采用判断布点法在污染热点地区及周边进行密集取样,布点范围应略大于判断的污染范围。当确定的热点区域范围较大时,也可采用更小的网格单元,在热点区域内及周边采用网格加密的方法布点。在非热点地区,应随机布置少量采样点,以尽量减少判断失误。随机布点数目应不低于总布点数的5%。

②如需采集土壤混合样,可根据每个监测地块的污染程度和地块面积,将其分成1～9个面积均等的网格,在每个网格中心进行采样,将同层的土样制成混合样(挥发性有机物污染的场地除外)。

③深层采样点的布置应根据初步采样所揭示的污染物垂直分布规律来确定,符合污染初步采样阶段的相关要求及《建设用地土壤污染风险管控和修复监测技术导则》(HJ 25.2—2019)的相关要求。

④当详细采样不能满足风险评估要求或划定场地污染修复范围的要求时,应该采用判断布点法进行一次或多次补充采样,直至有足够数据划定污染修复范围。必要时,可开展土壤空气、场地人群和动植物调查等,以进行更深层次的风险评估。

(3)深部土壤污染调查——钻探调查

钻探调查包括钻孔布置、钻探深度、钻探要求、样品采集与检测五项内容。

①钻孔布置

钻孔应主要布置在污染浓度高的区域和污染区域外围地带。在表层污染区域和物探识别的深部污染区域内布置1～2个钻孔。外围钻孔应控制住表层污染区域和深部污染区域的外包络线,原则上包络线的拐点处应有钻孔控制,在包络线拐点稀疏处适当增加钻孔控制,如图5.2所示。钻孔数量应视场地规模、污染复杂程度等而定。

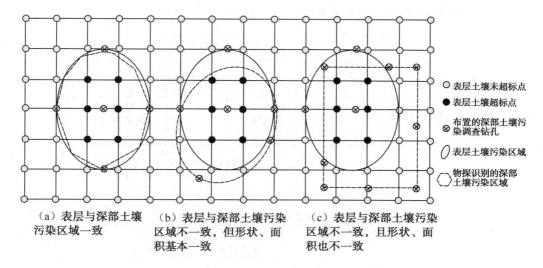

（a）表层与深部土壤　　（b）表层与深部土壤污染　　（c）表层与深部土壤污染
　　污染区域一致　　　　区域不一致，但形状、面　　　区域不一致，且形状、面
　　　　　　　　　　　　积基本一致　　　　　　　　积也不一致

图 5.2　钻孔布置方法示意图

对于挥发性有机污染场地，外围钻孔宜由污染边界外推 3～10 m；对于不挥发污染场地（如重金属污染），钻孔宜靠近污染区边界。

布设钻孔时，应充分考虑地下水流场和地下水污染调查的要求，确定钻孔位置。

②钻探过程技术要求

钻探深度应参照便携式仪器跟进检测的结果确定，并要求穿过污染土层底界。

钻探时应由专业人员作编录，认真填写编录表格。岩芯由上至下按顺序排放，标记岩芯所在钻孔的编号和深度，并拍摄照片。便携式仪器检测间距不应大于 40 cm。记录岩芯污染物浓度、物理化学指标等变化情况，并将测量结果填写在表格中。

样品采集按以下原则进行：

a.土壤污染样品：浅部取样的密度要大于深部；岩性、颜色、结构、含水量、气味突变时取样；岩性厚度较大或位于地下水波动带时加密取样；以便携式仪器现场检测结果作为土壤样品采集的参考依据。

b.土壤理化性质样品：应参照《岩土工程勘察规范》（GB 50021—2001）（2009 年版）及污染样品检测情况采集样品。

c.地下水样品：采用无水钻进方法揭露地下水后，应立即采集地下水水样，并现场测量有关的水化学指标。

5.2.2　地下水污染状况调查

地下水污染状况调查评价工作主要包括更新清单和确定重点调查对象、初步调查、详细调查、补充调查、调查评价报告编写等（见图 5.3）。

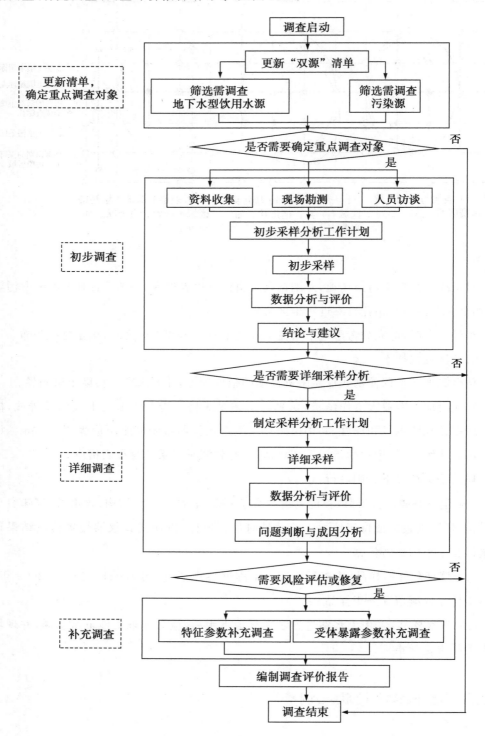

图 5.3　地下水污染状况调查基本程序

（1）更新清单和确定重点调查对象。定期更新集中式地下水型饮用水源和污染源清单，确定重点调查对象。

（2）初步调查。通过资料收集、现场踏勘，对可能的污染进行识别，确定收集资料的准确性，分析和推断调查对象存在污染或潜在污染的可能性；布设初步监测点位，采集样品，初步确定污染物种类、浓度（程度）和空间分布，为下一阶段详细调查方案的制定提供科学指导。若初步调查确认调查区内及周围区域历史上和当前均无可能的污染，则认为调查区的环境状况可以接受，调查活动可以结束。

（3）详细调查。详细调查是以采样分析为主的污染证实阶段，主要内容包括制定工作计划、现场采样、数据评估和结果分析等。详细调查采用系统布点、加密布点等方式确定地下水采样点位，根据初步调查的检测结果筛选特征指标，标准中没有涉及的污染物，可根据专业知识和经验进行综合判断。详细调查是在初步采样分析的基础上，进一步确定污染物种类、浓度（程度）和空间分布。

（4）补充调查。在开展风险评估、风险管控和治理修复时，若发现已有调查结果不能完全满足需要，可通过补充采样和测试，开展补充调查。主要目的是完善调查结果，获取相应参数，以支撑风险评估、风险管控和治理修复等。

5.2.2.1 初步调查

（1）资料收集与分析

资料收集与分析主要包括：气象资料、水文资料、土壤资料、地形地貌地质、水文地质资料、土地利用、经济社会发展、地下水型饮用水源和污染源相关信息。

对于工业污染企业、废弃场地、危险废物处置场、垃圾填埋场、加油站等污染源，水文地质相关资料收集和制作的精度不低于 1∶2000；对于集中式地下水型饮用水源、工业集聚区、再生水农用区、矿山开采区、高尔夫球场、规模化畜禽养殖区（小区）等，水文地质资料收集和制作的精度不低于 1∶10000。

①气象资料

收集调查区近 20 年来主要气象站的气象系列资料，包括多年平均及月平均降水量、蒸发量、气温等资料，大气及降水主要污染物。

②水文资料

收集调查区地表水系分布状况，流量与水位变化，各水体或河系不同区段的化学成分分析资料、污染情况，水体底泥的污染情况，水体纳污历史等资料。

③土壤资料

收集地表岩性、土壤类型与分布、土壤有机质含量、土壤微生物、土壤化学与土壤污染等方面的调查分析资料。

④地形地貌、地质与水文地质资料

包括调查区地形地貌类型与分区、地层岩性、地质构造,包气带岩性、厚度与结构,地下水系统结构、岩性、厚度,含水层、隔水层的岩性结构及空间分布,地下水补径排条件,水量、水质、水位和水温,地下水可开采资源量和集中式地下水型饮用水源分布情况,开发利用状况及其主要环境地质、水文地质问题等调查研究资料;地下水水质监测资料,污染物组分及浓度,污染状况,污染分布特征及其变化情况等资料。

⑤土地利用

土地利用现状及其变化情况,城市、工矿用地和变迁、建设规模及其布局,农业用地现状及变化资料。

⑥经济社会发展

近30年来国民生产总值、产业结构、人口数量、人口密度及变化情况,区域经济发展规划等资料。

⑦污染源相关信息

污染源的类型、分布,主要污染物组成、污染物的排放方式、排放量和空间分布等资料。重大水污染和土壤污染事件发生的时间、原因、过程、危害、遗留问题和防范措施等资料。

⑧综合分析

a.整理、汇编各类资料,对各类量化数据进行统计,编制专项和综合图表,建立相关资料数据库。

b.综合分析调查区地质、水文地质资料,系统了解区域地下水资源形成、分布与开发利用情况。

c.编录污染源信息,了解重要污染源类型及其分布情况。

d.分析地表水、地下水质量分布及污染情况。

(2)现场踏勘

通过对调查对象的现场踏勘,确认资料信息是否准确,现场识别关注区域和周边环境信息,确定初步采样的布设点位等。

①核对信息

对现场的水文地质条件、水源和污染源(区)信息、井(泉)点信息、土地利用情况、产业结构、居民情况、环境管理状况等与资料进行对比,确认是否一致。

②识别关注区域

通过调查下列情况识别关注区域,包括污染物生产、储存及运输等重点设施、设备的完整情况,物料装卸等区域的维护状况,原料和产品堆放组织管理状况,车间、墙壁或地面存在污染的遗迹、变色情况,存在生长受抑制的植物,存在特殊的气味等,同时可采用现场快速筛查设备[X 射线荧光光谱分析仪、PID(光离子化气体检测器)等]配合开展污染识别。

③敏感目标

调查对象周边环境敏感目标(需特殊保护地区、生态敏感与脆弱区和社会关注区等)的情况,包括数量、类型、分布、影响、变更情况、保护措施及保护效果。

④已有监测设备

调查对象地下水环境监测设备的状况,尤其是置放条件、深度以及地下水水位。

⑤地形地貌

观察现场地形及周边环境,以确定是否适宜开展地质测量或使用其他地球物理勘察技术。

(3)人员访谈

①访谈内容

访谈内容应包括资料收集和现场踏勘所涉及的疑问,以及信息补充和已有资料的考证。

②访谈对象

受访者为场地现状或历史的知情人,应包括场地管理机构、地方政府和生态环境保护行政主管部门的人员,场地过去和现在各阶段的使用者,以及场地所在地或熟悉场地的第三方,如相邻场地的工作人员和附近的居民。

③访谈方法

可采取当面交流、电话交流、填写电子或书面调查表等方式。

④内容整理

应对访谈内容进行整理,对照已有资料,对其中的可疑处和不完善处进行核实和补充,作为调查报告的附件。

(4)初步采样分析工作计划

若通过资料收集、现场踏勘表明调查对象内存在可能的污染以及由于资料缺失等原因无法排除无污染时,将其作为潜在污染调查对象开展初步采样分析工作。

制定初步采样分析工作计划,包括核查已有信息、判断污染物的可能分布情况、制定采样方案、制定样品分析方案、制定健康和安全防护计划、确定质量保证和质量控制程序等。可结合环境物探、勘察基本确定调查区水文地质条件,如包气带、含水岩组的岩性结构、厚度与分布、边界条件,基本摸清调查对象周边地下水补径排条件,初步确定污染物种类和浓度分布。

①核查已有信息

对已有信息进行核查,如土壤类型和地下水埋深,查阅污染物在土壤、地下水、地表水或调查对象周围环境的可能分布和迁移信息,查阅污染物排放和泄漏的信息。核查上述信息的来源,以确保真实性和有效性。

②判断污染物的可能分布情况

根据调查区的污染源分布、水文地质条件以及污染物的迁移和转化等因素,判断调查区污染物在土壤和地下水中的可能分布情况,为制定采样方案提供依据。

③制定采样方案

采样方案一般包括:采样点的布设,样品数量和样品的采集方法,现场快速检测方法,样品收集、保存、运输和储存等要求。

④制定样品分析方案

检测项目应根据保守性原则,按照资料收集和现场踏勘调查确定的调查区潜在的污染源和污染物,同时考虑污染物的迁移转化,判断样品的检测分析项目;对于不能确定的项目,可选取潜在典型污染样品进行筛选分析。

⑤制定健康和安全防护计划

根据有关法律、法规和工作现场的实际情况,制定场地调查人员的健康和安全防护计划。

(5)初步采样

①监测点应能反映调查与评价范围内地下水总体水质状况。对于面积较大的调查区域,沿地下水流向为主与垂直地下水流向为辅相结合布设监测点;对同一个水文地质单元,可根据地下水的补径排条件布设控制性监测点,调查对象的上下游、垂直于地下水流方向调查区的两侧、调查区内部以及周边主要敏感带点均布设控制性监测点;若调查区面积较大,地下水污染较重,且地下水较丰富,可在地下水上游和下游各增加 1~2 个监测井。

②地下水监测的主要对象是浅层地下水,钻孔深度以揭露浅层地下水但不穿透浅层地下水隔水底板为准;对于调查对象附近有地下水型饮用水源时,应兼顾主开采层地下水;如果调查区内没有符合要求的浅层地下水监测井,则可根据调查结论在地下水径流的下游布设监测井;如果调查期内调查区没有地下水,则在径流的下游方向可能的地下水蓄水处布设监测井;若前期监测结果显示浅层地下水污染非常严重,且存在深层地下水时,可在做好分层止水的条件下增加一口深井至深层地下水,以评价深层地下水的污染情况;存在多个含水层时,应在与浅层地下水存在水力联系的含水层中布设监测点,并

将与地下水存在水力联系的地表水纳入监测。

③一般情况下采样深度应在地下水水面 0.5 m 以下。对于低密度非水溶性有机物污染,监测点位应设置在含水层顶部;对于高密度非水溶性有机物污染,监测点位应设置在含水层底部和不透水层顶部。

④以已有监测点为基础,补充监测点需满足调查精度要求,尽可能地从周边已有的民井、生产井及泉点中选择监测点。在选用已有的地下水监测点时,必须满足监测设计的要求。

⑤岩溶区监测点的布设重点在于追踪地下暗河,按地下河系统径流网形状和规模布设采样点,在主管道露头、天窗处,适当布设采样点,在重大或潜在的污染源分布区适当加密布设采样点。

⑥裂隙发育的调查区,监测点应布设在相互连通的裂隙网络上。

5.2.2.2　详细调查

(1)地下水监测点布设要求

①布点数量要求

应采用系统布点法加密布设采样点。对于需要划定污染边界的区域,采样单元面积应不大于 1600 m^2。垂直方向采样深度和间隔根据初步采样的结果判断。

②布点位置要求

污染源区应设置地下水背景井和监测井。背景井应设置在相似水文地质条件的地下水上游、未污染的区域;监测井应设置在污染源区内。对现有可能受地下水污染的饮用水井和水源井进行布点。

对于低密度非水溶性有机物污染,监测点应设置在含水层顶部;对于高密度非水溶性有机物污染,监测点应设置在含水层底部和隔水层顶部。地下水存在多个含水层时,监测井应为层位明确的分层监测井。如果潜水含水层受到污染,则应对下伏承压含水层布设监测井,评估可能受污染的状况。

(2)布点方式要求

①地下水污染详细调查中监测井的布设应考虑场地地下水流向、污染源区的分布和污染物迁移能力等,采用点、线、面结合的方法进行布点,可采用网格式、随机定点式或辐射式等布点方法。

对于低渗透性含水层,在布点时应采用辐射布点法。

②结合地下水污染概念模型,选择适宜的模型模拟地下水污染空间分布状态,并对布点方案进行优化。

③基于污染羽流空间分布的初步估算进行布点。

a.污染羽流纵向布点：根据污染物排放时间、地下水流向和流速，初步估算地下水污染羽流的长度（长度=$\dfrac{渗透速度}{有效孔隙度}×$时间），在污染羽流下游边界处布设监测点。

b.污染羽流横向布点：对于水文地质条件较为简单的松散地层，可以按照污染羽流宽度和长度之比为 0.3～0.5 的原则初步确定污染羽流的宽度，在羽流轴向上增加 1～2 行横向取样点。

c.污染羽流垂向布点：对于厚度小于 6 m 的污染含水层（组），一般可不分层（组）采样；对于厚度大于 6 m 的含水层（组），应根据调查区含水层的水力条件、污染物的种类和性质，确定具体的采样方式，原则上要求分层采样。

（3）地下水监测项目

监测项目以地下水初步采样分析确定的特征指标为主。

5.2.2.3 补充调查

补充调查以补充采样和测试为主，主要目的是完善调查结果，获得满足风险评估、风险管控和治理修复等工作所需的参数。主要工作内容包括特征参数和受体暴露参数的调查。

（1）调查区特征参数

调查区特征参数宜包括下列信息：

①地质与水文地质条件：地层分布及岩性、地质构造、地下水类型、含水层系统结构、地下水分布条件、地下水流场、地下水动态变化特征、地下水补径排条件等。

②地下水污染特征：污染源、目标污染物浓度、污染范围、污染物迁移途径、非水溶性有机物的分布情况等。

③受体与周边环境情况：结合地下水使用功能和用地规划，分析污染地下水与受体的相对位置关系、受体的关键暴露途径等。

（2）受体暴露参数

调查和收集的受体暴露参数包括下列信息：调查区土地利用方式；调查区人口数量、人口分布、人口年龄和人口流动情况；评价区人群用水类型、地下水用途及占比、建筑物等相关信息。

根据风险评估、风险管控和治理修复实际需要，可选取适当的参数进行调查。调查区特征参数和受体暴露参数可通过资料查询、现场实测和实验室分析测试等方法获取。

5.2.3　数据处理与质量控制

5.2.3.1　分析结果的表示方法

平行样测定结果在允许偏差范围之内时,则用其平均值表示测定结果。对于不同分析项目所采用的监测方法,其分析结果有效数字的位数和小数点后的位数保留按规定执行。当检测结果高于分析方法检出限时,按实际检测结果报值;当检测结果低于分析方法检出限时,报分析方法的检出限值,并加标志位"L"。

(1)平行双样的精密度用相对偏差表示。

(2)一组样品测量值的精密度常用标准偏差或相对标准偏差表示。

5.2.3.2　质量保证和质量控制

现场质量保证和质量控制措施应包括:防止样品污染的工作程序,运输空白样分析,现场重复样分析,采样设备清洗空白样分析,采样介质对分析结果影响分析,样品保存方式和时间对分析结果的影响分析等。

监测结束后,项目组应指派专人负责调查原始资料的收集、核查和整理工作。收集、核查和整理的内容包括监测任务下达、采样点布设、样品采集、样品保存、样品运输、采样记录、样品标签、监测项目和分析方法、试剂和标准溶液的配制与标定、校准曲线的绘制、分析测试记录及结果计算、质量控制等各个环节的原始记录。核查人员应对各类原始资料的合理性和完整性进行核查,如有可疑之处,应及时查明原因,由原记录人员予以纠正;原因不明时,应如实向项目负责人说明情况,但不得随意修改或舍弃可疑数据。

收集、核查、整理后的原始资料应及时提交给监测报表(或报告)编制人,作为编制监测报告的唯一依据。整理好的原始资料应与相应的监测报告一起,须经技术负责人校核、审核后装订成册提交给项目负责人。

(1)质量控制指标

数据质量控制包括布点,样品采集、处理、保存,实验室分析和数据分析等过程的质量控制。监测布点应考虑是否能代表所有考察场地环境的质量,各监测点的设置条件尽可能标准化,从而使各监测点所得数据具有可比性。特殊点位应达到该点位的设置特殊性要求。最佳监测点数在优化布点时应经过严格的数字计算,考察点位可行性及均匀性,对监测点具体位置进行复查,及时纠错。样品采集过程取样设备应符合技术规范要求,取样频率应符合有关技术规定,取样量应足够,满足测试目的要求。样品在处理与保存过程中,应按照各样品中特征污染物的相关要求,小心保存、固定或进行现场监测,并防止二次污染。

数据分析的质量措施包括数据的核实、有效数字记求运算、处理检验以及结果的综合整理。应谨慎对待离群数据,采用方差分析、回归分析等方法对实验数据进行统计检验和质量分析。

①精确度:指测量值之间的一致程度及其与真值的接近程度。从测量误差的角度来说,精确度是测量值的随机误差和系统误差的综合反映。

②精密度:指在确定条件下重复分析均一样品所得测定值的一致程度。它反映分析方法或测量系统所存在随机误差的大小。极差、平均偏差、相对平均偏差、标准偏差和相对标准偏差都可以用来表示精密度,较常用的是标准偏差。通常实验室内的精密度在分析人员、分析设备和分析时间都相同时用平行性表示,三个因素中至少有一项不同时用重复性表示,实验室间的精密度用再现性表示。

③准确度:指用一个特定的分析程序所得的分析结果与假定的或公认的真值之间符合程度的度量。准确度的评价方法有两种:第一种是分析标准物质;第二种是"加标回收"法,通常在样品中加入与待测物质浓度接近的标准物质,测定其回收率,以确定准确度。进行多次回收实验还可以发现方法系统误差。

④误差种类:误差是分析测量值与真值之间的差值。根据其性质和来源,可将误差分为系统误差、随机误差和过失误差。

系统误差指测量值的总体均值与真值之间的误差。随机误差又称偶然误差或不可测误差,是由测定过程中各种随机因素的共同作用所造成的。过失误差也称粗差,是由测量过程中出现不应有的错误造成的。

系统误差是由测量过程中的某些恒定因素(如方法、仪器、试剂、恒定的操作人员和环境)导致的,在一定条件下具有重现性,不因测量次数的增加而减小。随机误差由随机因素造成,虽然其符号和绝对值大小无规律且不可预知,但一般认为随机误差会随着测量次数增加呈正态分布。粗差通常属于测量错误,易于发现。在测量与数据处理中,应当舍去粗差,消除或削弱其对系统误差的影响,使测量值中仅含随机误差。

误差按表示形式的不同,又可以分为绝对误差和相对误差。绝对误差是测量值与真值之差。相对误差是绝对误差与真值的比值。

(2)实验室分析质量控制

实验室分析质量控制是确保分析数据可靠性的一个重要环节,也是正确评估污染场地的基础。在这方面,国内外均非常重视,其内容基本一致。实验室检测结果和数据质量分析主要包括:①分析数据是否满足相应的实验室质量保证要求;②通过采样过程中了解的地下水埋深和流向、土壤特性和土壤厚度等情况,对数据的代表性进行分析;③分析数据的有效性和充分性,确定是否需要进行补充采样;④根据场地内土壤和地下水样品检测结果,分析场地污染物种类、浓度水平和空间分布。

实验室分析质量控制内容主要包括以下八个方面:①实验室分析基础条件,包括分析人员、实验室环境条件、实验用水、实验器皿、化学试剂等方面的要求;②监测仪器,包括分析仪器的调校、准确度以及日常维护等;③试剂配制和标准溶液标定,包括化学试剂的等级、配置和标定方法、标准溶液的使用和保存等;④原始记录要求,包括记录的内容、过程、方法以及异常值的判断和处理等;⑤有效数字及近似计算要求,主要包括有效数字的判别、换算及其表达形式等;⑥校准曲线的制作要求,包括校准曲线的绘制、使用范围等;⑦监测结果的表示方法,包括监测结果的单位、精密度表示方法、准确度表示方法等;⑧实验室内部质量控制,包括实验室内部的质量控制、实验室间的质量控制、实验室的质量认证、分析质量控制程序等。

实验室质量控制样主要包括空白样品加标样、样品加标样和平行重复样。要求每 20 个样品或者至少每一批样品作为一个系列的实验室质量控制样,也可根据情况适当调整。质量控制样品(包括土壤和地下水)的数目,应不少于检测样品总数的 10%。

实验室质量控制包括空白实验、仪器设备的标定、平等样分析、加标样分析、密码样分析以及绘制和使用质量控制图等方法。

(3)质量分析

在场地监测过程中,样品测量结果可用平均数(包括算数平均数、几何平均数)、中位数和众数表示。对于监测结果,当我们不确定测定值的总体均值是否等于真值,或者一种新的监测方法或监测仪器与现行的方法或仪器在分析测量结果的精密度上有无差异时,都需要进行统计检验,包括对测量结果进行数据的质量分析。

5.2.3.3　不确定性分析

不确定性是指监测结果不能被准确确定的程度。不确定性分析是计算风险时很重要的一步。如果不确定性没有很好地传递给使用风险评估结果的决策者,那么很可能引导决策者做出错误的决策。一般在风险评估中,不确定性来源于各个阶段,即从取样到数据分析等各个阶段均存在客观和主观的不确定性因素。不确定性因素按产生的机理不同,可分为模糊性因素、随机性因素和未确定性因素。参数的不确定性、模型的不确定性和情况的不确定性是影响风险评估结果的重要因素。在评估过程中,应通过相应的不确定性分析方法,对不确定性进行定性和定量表达。

（1）场地调查的不确定性来源

①历史资料缺失，导致对潜在污染区域（生产车间、原废料存储场、污水处理和排放位置等）判断不准确，目标污染物判断不准确。

②土壤异质性、采样点位置和采样深度设定不能较为真实地反映污染物的空间分布。

③样品分析测试的不确定性，分析方法和测试机构选择导致数据准确性问题。

④数值模拟导致的不确定性，数值模拟与污染场地实际情景存在一定的差异，并且不同模拟方法导致的差异性更大。

调查报告应列出调查过程中遇到的限制条件和欠缺的信息，以及对调查工作和结果的影响。

⑤场地概念模型构建导致的不确定性：场地概念模型构建若缺失某一环节，将导致调查的重大失误。

（2）不确定性表达方式与控制措施

对风险评估全过程的不确定性因素应进行综合分析，并作为评价报告书的正式内容记录在案，称为不确定性分析。它有助于提高风险评估的科学性、客观性和可行性。通常运用（但不局限于）蒙特卡罗方法传递参数差异，用以提出与风险评估相关的不确定性。

受采样数据的特征以及每种插值模型适用范围的影响，在土壤污染插值计算中并没有某种特定适用的插值方法。为了提高插值精度，减少由空间插值模型计算带来的不确定性，在具体的计算中要进行多种插值计算方法的比较，通过精度评价，选择精度最高的一种方法。

场地环境调查是场地风险评价和环境修复的重要基础，场地环境调查的不确定性直接关系到对场地环境状况的判断和风险决策。针对不确定性控制的系统方法，采取以下措施：

①系统规划，确定不确定性的控制节点和方法。

②建立"源—路径—受体"的概念模型，指导资料收集和采样布点工作。

③建立风险决策单元和采样单元。

④使用现场探测和筛选技术，及时收集场地信息和调整调查方案。

⑤严格的现场和实验室质量控制。

5.3　土壤与地下水污染评价

5.3.1　土壤污染状况评价

5.3.1.1　评价标准

目前,被广泛使用的土壤污染评价指标有三类:一是采用土壤环境背景上限值的评价指标。在该类型的土壤污染评价过程中,针对的目标是土壤所能够承受的污染元素的总体含量,一旦土壤中的元素含量接近这个数值,就必须对土壤的污染排放和元素含量进行合理的控制,防止土壤污染的产生和加剧。二是采用土壤环境评价的相关国家指标,该指标主要指的是《土壤环境质量　农用地土壤污染风险管控标准(试行)》(GB 15618—2018)中关于土壤污染元素含量的具体规定。具体来说,若相应的土壤污染元素数值超出了该指标的具体规定,就要对该土壤的实际污染情况进行深度调研,防止土壤污染的加剧。三是采用土壤污染临界值的土壤污染评价指标。该指标是在对当地区域的土壤质量进行深度分析后,选择一个具体的土壤环境污染临界值,一旦土壤中的污染元素含量超出了这个临界值,就必须重点对土壤的污染元素进行整治处理,从而有效地控制土壤污染。

(1)土壤环境背景值

判断土壤环境是否受到污染最常用的评价指标是土壤环境背景值。土壤环境背景值代表了自然和社会发展到一定历史时期,在一定科学技术水平的影响下土壤中化学元素的平均含量。我国"七五"期间,"全国土壤背景值调查研究"课题组调查了除台湾省外的 29 个省、市、自治区和 5 个开放城市,提出了全国主要土壤类型中 Cu、Pb、Zn、Hg、Cd、As、Co、Cr、Ni、Mn、F、Se、V13 种元素的土壤环境背景值,以及其中主要剖面的 Li、Rb、Cs、Be、Sr、Ba、Sc 等 40 多种元素的土壤环境背景值。

(2)土壤环境质量标准

土壤环境质量标准是评价土壤环境质量优劣的尺度和依据。在我国,由于各地区土壤性质差异性较大,制定全国通用的土壤质量标准是十分困难的,既不能考虑太多影响因子而使制定方法复杂化,又必须在全国具有普遍适用性。国家环境保护总局和国家技术监督局共同颁布的《土壤环境质量标准》于 1996 年 3 月 1 日起正式实施,该标准填补了中国土壤环境质量标准的空白,将全国土壤环境质量统一起来,也被其他国家标准或行业标准所引用。但是,随着我国对土壤环境及土壤污染现状研究的深入,现行标准已经不能满足实际应用的需要。为此,国家经过五次征求意见,将原来的《土壤环境质量标准》一分为二,从农用地和建筑用地两方面出发,分别发布了《土壤环境质量 农用地土壤污染风险管控标准(试行)》(GB 15618—2018)和《土壤环境质量 建设用地土壤污染风险管控标准(试行)》(GB 36600—2018)这两项国家环境质量标准,并于 2018 年 8 月 1 日起实施。

(3)土壤污染临界值

在以土壤污染临界值为土壤污染评价指标研究过程中,要对土壤承载能力进行真实考核。具体来说,要对土壤的周边环境进行分析,并对土壤的元素含量进行有效控制。为了保证土壤污染临界值研究的合理性,还要确保制定的土壤污染临界值可以与实际土壤环境有机融合在一起。土壤污染临界值的研究工作完成之后,还要严格按照相应的规范标准对土壤元素含量进行研究,以便于充分满足后续的土壤污染研究工作的需要,为后续的土壤污染解决过程提供足够的参考。

5.3.1.2 评价方法

目前,土壤环境质量的评价方法以指数法应用最为广泛。指数法具有一定的客观性和可比性,且易于计算,已在环境质量评价中得到了广泛应用。我国目前的环境质量评价方法分为单项污染指数法和综合指数法。一般以单项污染指数法为主,但在实际调查中,常出现多种污染物同时污染某一区域的情况,仅依靠单项污染指数法难以对污染水平进行评价,因此需要一种能够将多种污染物的污染水平综合考量的指数评价方法,即综合指数法。综合指数法又分为均值指数法、计权型指数法和内梅罗指数法等。近年来,单项污染指数法和内梅罗综合指数法应用较为广泛。

(1)单因子评价

单因子评价指对土壤中的某一污染物的污染程度进行评价,依据是该污染物的单项污染指数:

$$P_i = \frac{C_i}{S} \tag{5.1}$$

式中,P_i 为单项污染指数;C_i 为污染物实测浓度;S 为土壤评价标准。

若以土壤污染起始值(即土壤背景值)再加一个标准差作为评价标准,若 P_i 小于 1,表示土壤未受到污染;P_i 大于 1,表示土壤已被污染,P_i 越大,表示土壤污染越严重。农业农村部环境保护科研监测所在评价农田环境质量时,采用四级评价方法:

清洁级:$P_i < 1$。

轻污染级：$1 \leqslant P_i < 2$。

中污染级：$2 \leqslant P_i < 3$。

重污染级：$P_i \geqslant 3$。

（2）多因子评价

对多种污染物同时污染土壤的污染程度进行评价，采用可以同时考虑土壤中多种污染物综合污染水平的多因子评价方法。多因子评价可采用内梅罗指数法或带有权重的叠加指数法等进行评价。在这里主要介绍内梅罗（N.L.Nemerow）指数法。

内梅罗指数法的计算公式为：

$$P_N = \sqrt{\frac{\overline{P_i^2} + P_{i(\max)}^2}{2}} \tag{5.2}$$

式中，P_N 为内梅罗综合污染指数；$\overline{P^2}$ 为各污染物污染指数的算术平均值；$P_{i(\max)}$ 为各污染物中的最大污染指数。内梅罗综合污染指数法的计算考虑了各种污染物的平均污染水平，同时也反映了污染最严重的污染物对土壤环境造成的危害。

（3）模糊综合评价

1965 年美国控制论专家查德第一次提出了模糊集合的概念，标志着模糊数学的诞生。模糊性产生于事物发展变化的中间过渡状态。在土壤环境科学中，模糊概念、模糊性和模糊数问题普遍存在，因而模糊数学在这一领域的应用前景十分广阔。实践证明，模糊数学中的综合评判、聚类分析、模式识别和近似推理等方法的实用意义是值得肯定的。在定义土壤环境质量中未污染、污染较重和污染严重等时很难划定一个明确的标准，而模糊集合可以用来刻画这些外延不明确的概念。

随机性和模糊性是不确定性的两个基本特征。所谓随机性，是指事件的发生与否，但事件本身的含义是确定的。然而由于条件不充分，事件的发生有多种可能的不确定性，如在 $[0,1]$ 上取值的概率分布函数就是描述这种随机性的。所谓模糊性，是针对元素对集合的隶属关系而言的。事件本身的含义是不确定的，但事件的发生与否是可以确定的，因而元素对集合的隶属关系是不确定的，如在 $[0,1]$ 上取值的隶属函数就是描述这种模糊性的。模糊数学就是用数学的方法来研究、处理客观世界存在的大量不确定的、模糊的问题。

近些年模糊综合评价法在水、大气环境评价中得到了广泛应用。模糊综合评价法的原理可以用一数学模式来表示：

$$B = A \cdot R \tag{5.3}$$

式中，A 为 $1 \times n$ 阶行矩阵，由评价要素的权重经归一化处理后得到；R 为隶属函数；B 为综合评价结果。

模糊综合评价模型的建立可归纳为以下步骤：

①建立评价对象的因素集

在环境质量评价中，因素集就是参与评价的 n 个污染因子的实际测定浓度组成的模糊子集，即 $u=\{u_1,u_2,\cdots,u_n\}$。

②建立评价集

在环境质量评价中，评价集是各个污染因子相应的环境质量标准等级的集合，即 $V=\{V_1,V_2,V_3,\cdots,V_m\}$。

③建立分级界限

用隶属度刻画环境质量的分级界线：在模糊集理论中，运用隶属度来刻画客观事物中大量的模糊界线，而隶属度可用隶属函数来表达。环境质量评价中，"污染程度"就是一个模糊概念，因而作为评价污染程度的分级标准也应是模糊的，像水质、大气、土壤的分级界线就是一条模糊界线。因此，在评价过程中，有必要用隶属度来描述它。环境质量评价中常采用一个简单的数字指标作为分界线，界线两边是截然不同的级别。例如部分标准中将一级水的溶解氧（DO）值规定为 8.0 mg/L。如果实际情况是 8.1 mg/L 则算作一级水，而 7.9 mg/L 算作非一级水，实际上 8.1 与 7.9 相差很小，所以这样分级不太客观。当采用模糊概念时，用隶属度来刻画这条界线就好得多。比如可以说，DO 值为 8.1 mg/L 时隶属一级水的程度达到 100％，而 DO 值为 7.9 mg/L 时隶属一级水的程度为 95％，相应的隶属非一级水的程度就是 5％。对于其他数值也可给予不同的隶属度。为了进行模糊计算，需要确定隶属函数。隶属函数的确定方法是比较多的，目前已经提出和应用的方法主要有主观评分法、模糊统计法、可变模型法和滤波函数法等。常用的隶属函数有降半矩形分布、降半正态分布、降半梯形分布和降半哥西分布等。

采用降半梯形分布来刻画隶属度，方法如下：

第 1 级环境质量

$$r_{i1}=\begin{cases}1, & C_i\leqslant U_{i1}\\[2mm]\dfrac{U_{i2}-C_i}{U_{i2}-U_{ij}}, & U_{i1}<C_i<U_{i2}\\[2mm]0, & C_i\geqslant U_{i2}\end{cases} \qquad (5.4)$$

第 m−1 级环境质量

$$r_{ij}=\begin{cases}0, & C_i\leqslant U_{ij-1}, C_i\geqslant U_{ij+1}\\[2mm]\dfrac{C_i-U_{ij-1}}{U_{ij}-U_{ij-1}}, & U_{ij-1}<C_i<U_{ij}(1<j<m)\\[2mm]\dfrac{U_{ij+1}-C_i}{U_{ij+1}-U_{ij}}, & U_{ij}\leqslant C_i\leqslant U_{ij+1}\end{cases} \qquad (5.5)$$

第 m 级环境质量

$$r_m = \begin{cases} 0, & C_i \leqslant U_{im-1} \\ \dfrac{C_i - U_{im-1}}{U_{im} - U_{im-1}}, & U_{im-1} < C_i < U_{im} \\ 1, & C_i \geqslant U_{im} \end{cases} \tag{5.6}$$

式中，r_{ij} 为因子 u_i 对 j 级水质的隶属度；C_i 为因子 u_i 的实测浓度值；U_{ij} 为因子 u_i 第 j 级水质标准；m 为第 m 级评价标准。

第 i 个因子 u_i 评价的结果组成单因素模糊评价集 $R_i = (r_{i1}, r_{i2}, \cdots, r_{ij})$。若共有 n 项水质参数，m 级水质标准，将各单因素模糊评价集 R_i 的隶属度为行组成单因素评价矩阵，则可得到下列 $n \times m$ 模糊矩阵 $\boldsymbol{R}$：

$$\boldsymbol{R} = \begin{bmatrix} r_{11} & r_{12} & \cdots & r_{1m} \\ r_{21} & r_{22} & \cdots & r_{2m} \\ \vdots & \vdots & \vdots & \vdots \\ r_{n1} & r_{n2} & \cdots & r_{nm} \end{bmatrix} \tag{5.7}$$

④建立权重

由于评价要素对某一综合体的贡献存在差异，即对综合体的作用不同，因此对各评价要素要给予一定的权重。权重的计算方法很多，如统计法、超标加权法、灰色聚类法、专家评估法和层次分析法等。根据按污染物对土壤的污染程度确定权重的原则，确定各指标权重的大小。

权重计算公式：

$$W_i = \frac{C_i}{S_i} \tag{5.8}$$

对于 S_i，如果某评价要素指标分为 m 个级别，则取它们的均值：

$$\overline{S}_i = \frac{1}{m \sum\limits_{j=1}^{m} S_{ij}} \tag{5.9}$$

$$I_i = \frac{C_i}{\overline{S}_i} \tag{5.10}$$

$$W_i = \frac{I_i}{\sum\limits_{i=1}^{n} I_i} \tag{5.11}$$

式中，C_i 为 i 因子的监测值（mg·L^{-1}）；S_{ij} 为因子 i 第 m 级标准值（mg·L^{-1}）；m 为级别数；$\overline{S}_i$ 为因子 i 各级标准平均值（mg/L）；W_i 为第 i 个评价因子的权重。

为进行模糊计算,因子权重必须在区间$[0,1]$上取值,因此需要对权重i进行归一化处理,即

$$W_i = \frac{W_i}{\sum\limits_{i=1}^{n} W_i} \qquad (5.12)$$

式中,W_i 为第 i 个评价因子的权重,且满足 $\sum\limits_{i=1}^{n} \overline{W}_i = 1$。

n 个因子指标分别计算权重后得到一个 $1 \times a$ 的权重集:$\boldsymbol{A} = (a_1, a_2, a_3, \cdots, a_n)$。

⑤模糊矩阵复合运算

模糊矩阵复合运算类似于普通矩阵乘法,将模糊权向量 $\boldsymbol{A}$ 与模糊矩阵 $\boldsymbol{R}$ 相乘,得到模糊综合评价向量 $\boldsymbol{B}$,即

$$\boldsymbol{B} = \boldsymbol{A} \cdot \boldsymbol{R} \qquad (5.13)$$

$$[b_1, b_2, \cdots, b_m] = [a_1, a_2, \cdots, a_n] \cdot \begin{bmatrix} r_{11} r_{12} \cdots r_{1m} \\ r_{21} r_{22} \cdots r_{2m} \\ \vdots \quad \vdots \quad \vdots \quad \vdots \\ r_{n1} r_{n2} \cdots r_{nm} \end{bmatrix} \qquad (5.14)$$

式中,b_j 为评价指标,它是综合考虑所有因子的影响时,评价对象对评价集中第 j 级等级的隶属程度。显然,$\boldsymbol{R}$ 的第 i 行表示第 i 个因子对各个评价等级的隶属程度;第 j 列表示所有因子取第 j 个评价等级的隶属程度。因此,每列元素再乘以相应的因子权数 a_i,得出的结果就更能合理地反映所有因子的综合影响。

5.3.2　地下水污染状况评价

地下水质量综合评价是地下水资源评价的重要内容,是对地下水资源环境规划和管理的必要前提,也是对污染地下水防治的依据。地下水质量综合评价的依据是地下水质量标准,所采用的技术方法是地下水质量模型。地下水质量标准在各个国家或地区可能不同,地下水使用目的、标准可能不一样,因此基于不同国家或地区、不同的使用目的得到的地下水质量综合评价结果可能不一样,不具有可比性。

从地下水质量综合评价的参评内容上看,地下水污染评价的方法可分为单因子评价法和综合评价法。当地下水中仅有某污染物或此污染物占据主导地位时常用单因子评价法,该方法比较简单,却是各种综合评价法的基础。

单因子评价法是基于"确定性理论"的指数法模型,其表达式为:

$$P = \frac{C}{S} \tag{5.15}$$

式中，P 为地下水质量指数，即地下水质量评价结果；C 为评价中选定的污染因子的实测浓度；S 为该污染因子在地下水质量标准中对应的级别标准值。

在地下水质量评价结果中，若 $P > 1$，则说明地下水中该污染因子已经超标；若 $P < 1$，则说明地下水中该污染因子未超标。

地下水质量模型的主要研究方向是综合评价法。地下水质量模型是 20 世纪 70 年代后期发展起来的。目前在国内外广泛使用的评价地下水质量的数学模型主要是基于"确定性理论""随机理论""灰色理论""运筹学理论"的模型，如指数评价法是基于"确定性理论"模型的代表，概率统计法是基于"随机理论"模型的代表，各种灰色评价法是基于"灰色理论"模型的代表，人工神经网络法（ANN）、遗传算法、粒子群算法等是基于"运筹学理论"模型的代表。

对各种水质模型求解可派生出一系列具体的地下水质量综合评价方法，如内梅罗指数法是一种"均方根型"指数评价法，多元线性回归是一种概率统计评价法，灰色聚类法是灰色评价法中的一个方法，反向传播（BP）神经网络法是利用误差反向传播方法求解所建立的人工神经网络的一种评价方法，GASAPF（基于遗传算法的模拟退火罚函数）方法则是通过模拟退火技术来处理约束条件的一种遗传算法。

另外，地下水质量是随机不确定性、模糊不确定性、灰色不确定性等多种不确定性耦合的结果。因此，在地下水质量综合评价中也出现了一些祸合模型。

5.3.2.1　指数评价模型

指数评价法是最早用于环境质量评价的方法，具有一定的客观性和可比性，应用较为普遍。由于各国、各地区特点和要求不同，因此建立的评价模型也各不相同，常见的指数评价模型有以下几种。

（1）幂函数型模型

其一般表达式为：

$$p = a \left(\sum_{i=1}^{n} I_i \right)^b \tag{5.16}$$

式中，I_i 为污染因子 i 的单一指数，$I_i = C_i / C_{oi}$，其中 C_i 为污染因子 i 的实测浓度，C_{oi} 为污染因子 i 的地下水质量相关标准；n 为评价中选定的污染因子数目；p 为地下水污染评价结果；a、b 为由某种边界条件确定的常数。

幂函数型模型评价法最开始常用于评价大气质量变化。近年来，该方法在地下水环境质量评价方面也开始被应用。

（2）叠加型模型

叠加型模型评价法是将参与评价的各污染因子的单一污染指数按照一定的权重进行叠加，其一般表达式为：

$$p = \sum_{i=1}^{n} p_i = \sum_{i=1}^{n} \left(\frac{C_i}{C_{oi}} \right) \tag{5.17}$$

式中，p_i 为污染因子 i 的单一指数，C_i 为污染因子 i 的实测浓度，C_{oi} 为污染因子 i 的地下水质量相关标准；n 为评价中选定的污染因子数目；p 为地下水污染评价结果。

加权叠加的一般表达式为：

$$p = \sum_{i=1}^{n} w_i p_i \tag{5.18}$$

式中，w_i 为污染因子或某环境要素的加权系数。

此方法计算简便，但是若各项单一指数影响悬殊，则容易掩盖主要环境影响因素的作用造成模型失真。

（3）均值型模型

均值型模型可分为简单均值型和加权均值型两种，其一般表达式为：

$$p = \frac{1}{n} \sum_{i=1}^{n} p_i \tag{5.19}$$

这是一种各污染因子权重均等的形式，实际上它已经退化成用单污染因子的单指数来评价地下水资源的整体污染级别。若各污染因子的权重不一样，则采用表达式：

$$p = \frac{1}{n} \sum_{i=1}^{n} w_i p_i \tag{5.20}$$

式中，$w_i = 1$。

（4）方根型模型

方根型模型可分为平方和方根型和均方根方根型两种。

平方和方根型的表达式为：

$$p = \sqrt{\sum_{i=1}^{n} p_i^2} \tag{5.21}$$

均方根方根型的表达式为：

$$p = \sqrt{\frac{1}{n} \sum_{i=1}^{n} p_i} \tag{5.22}$$

此方法以内梅罗指数法为代表,内梅罗指数法的表达式为:

$$p_{ij} = \sqrt{\frac{(\frac{C_i}{L_{ij}})^2_{\max} + (\frac{C_i}{L_{ij}})^2_{平均}}{2}} \tag{5.23}$$

式中,p_{ij} 为水质指数,即地下水污染评价结果;C_i 为污染因子 i 的实测浓度;L_{ij} 为被评价的地下水作为 j 用途时,污染因子 i 质量标准。

此方法首先需要考量水资源的用途,然后再考虑个别污染严重的污染因子的影响。我国地下水质量标准中指定的"F 值综合评分法",实际上就是内梅罗指数法的变形。

（5）几何均数模型

其一般表达式为:

$$p_i = \sqrt{(I_i)_{\max} \cdot (I_i)_{平均}} \tag{5.24}$$

此方法克服了内梅罗指数法在兼顾最大值的情况下,赋予平均值的权重较大的缺陷。它不仅考虑最大值的作用,而且不致于在评价指数中占的比重过大,能使评价数据保持一定的物理含义。

指数评价法是基于确定性理论建立的评价模型,目前在国内外地下水质量综合评价中应用较多的是内梅罗指数法。

5.3.2.2　概率统计模型

概率统计法是基于"随机理论"建立的评价模型。它认为地下水中各评价参数的大小是随机事件,把各指标实测浓度 C_i 看作随机变量,而分指数 I_i 又是实测浓度 C_i 的函数,则 I_i 也看作随机变量,运用随机变量的数学期望与方差或用变化系数来表示 I_i 的分布状况。数字期望与方差（或变化系数）是统计数学中最重要的数学特征,前者反映随机变量的集中性质,后者体现随机变量的离散程度。若样品较多,将二者结合起来,在一定程度上也能进行水质评价。概率统计法的主要模式有:

（1）数学期望模式:

$$M = \sum_{i=1}^{n} \xi_i I_i \tag{5.25}$$

式中,ξ_i 为 i 指标的概率,并且有:

$$\sum_{i=1}^{n} \xi_i = 1 \tag{5.26}$$

（2）标准差模式:

$$\sigma = \sqrt{\sum_{i=1}^{n} (I_i - M)^2 \xi_i} \tag{5.27}$$

（3）变化系数模式：

$$v = \frac{\sigma}{M} \tag{5.28}$$

5.3.2.3 聚类模型

聚类法的思想来源于基于概率理论的数理统计，只是在进行地下水资源污染评价时，一般不用污染因子聚类的概率，而是常采用"灰色理论"中的"隶属度函数""灰色关联度""白化系数"等技术来处理。因此，在地下水质量综合评价中，聚类法实际上是一种基于概率统计法与"灰色理论"各种方法的"祸合"方法。

聚类法是在有各个指标和各级质量标准的条件下，借助样品各指标监测值对质量标准的各级别进行综合聚类，以判别地下水环境质量级别的方法。设有 p 个地下水监测样品，每个样品分析 n 个指标，并且存在 m 级质量标级别，k 样品第 i 个指标的监测值为 C_{ki}，i 指标 j 级别的质量标准表示为 C_{ij}，$i = 1, 2, \cdots, n; j = \text{I}, \text{II}, \cdots, m; k = 1, 2, \cdots, p$。

模糊、系统及灰色聚类法对上述假设的处理，各方法有不同的子方法和运算技巧，总的模型及聚类过程如下。

（1）模糊聚类模型

首先由各指标、质量级别隶属度函数与各指标监测值，计算出每个样品的隶属度矩阵，可获得 p 个 $n \times m$ 矩阵 $\mathbf{R}_{ij}$。

然后计算各样品各指标的权重，确定 p 个 $1 \times n$ 向量矩阵 $\mathbf{W}_{ki}$：

$$\mathbf{W}_{ki} = \frac{C_{ki}\sqrt{C_{ij}}}{\sum\limits_{i=1}^{n}(C_{ki}\sqrt{C_{ij}})} \tag{5.29}$$

式中，$\mathbf{W}_{ij}$ 为 k 样本 i 指标权重向量矩阵；$C_{ij} = \dfrac{C_{i\text{I}} + C_{i\text{II}} + \cdots + C_{im}}{m}$

最后获得综合判别矩阵 $\boldsymbol{B}_{kj}$。

$$\boldsymbol{B}_{kj} = \boldsymbol{W}_k \cdot \boldsymbol{R}_{ij} \tag{5.30}$$

（2）系统聚类模型

系统聚类法实际上也是统计法，它是统计样品各指标监测值与质量标准值在多维空间的几何特征。它不属于 Q 型或 R 型聚类，分析的结果是 $1 \times m$ 个聚类向量，而 Q 型或 R 型聚类得到的是 $p(p-1)$ 或 $n(n-1)$ 个对称三角矩阵。它们的共同点是使用的相似性统计量一致，都是用距离系数、相似系数和相关系数来刻画的。

距离系数：

$$d_{kj} = \sqrt{\frac{1}{n} \sum_{i=1}^{n} (C_{ki} - C_{ij})^2}$$ (5.31)

相似系数：

$$\cos q_{kj} = \frac{\sum_{i=1}^{n} (C_{ki})(C_{ij})}{\sqrt{\sum_{i=1}^{n} (C_{ki})^2 \sum_{i=1}^{n} (C_{ij})^2}}$$ (5.32)

相关系数：

$$\gamma_{kj} = \frac{\sum_{i=1}^{n} (C_{ki} - \overline{C_k})(C_{ij} - \overline{C_j})}{\sqrt{\sum_{i=1}^{n} (C_{ki} - \overline{C_k})^2 \sum_{i=1}^{n} (C_{ij} - \overline{C_j})^2}}$$ (5.33)

式中，$\overline{C_k}$、$\overline{C_j}$ 分别为 k 样品、j 级别在 i 序列的均值。

（3）灰色关联度模型

灰色关联度在灰色系统理论中用于分析曲线间几何形状差别，即几何形状的接近程度与关联程度成正比，它很适合作相似性统计量。若把样品的各指标的监测值看作一条曲线，把各级别质量标准各指标的值的分布视为一组曲线，则完全符合灰色关联度的意义。第 k 样品与 j 级别在 i 指标的关联系数表示为

$$A_{kj}(i) = \frac{\overset{minmin}{j\ i} |C_{ki} - C_{ij}| + \rho \overset{maxmax}{j\ i} |C_{ki} - C_{ij}|}{|C_{ki} - C_{ij}| + \rho \overset{maxmax}{j\ i} |C_{ki} - C_{ij}|}$$ (5.34)

式中，$\overset{minmin}{j\ i} |C_{ki} - C_{ij}|$ 为 i、j 序列差绝对值的最小值；$\overset{maxmax}{j\ i} |C_{ki} - C_{ij}|$ 为 i、j 序列差绝对值的最大值；ρ 为分辨系数，ρ 越小分辨率越高，$\rho \in [0,1]$。

k 样品各指标属于 j 级别的平均关联度为：

$$\boldsymbol{R}_{kj} = \frac{1}{n} \sum_{i=1}^{n} A_{ki}(i)$$ (5.35)

式中，$\boldsymbol{R}_{kj}$ 为综合判别向量矩阵。

（4）灰色聚类模型

灰色聚类法是建立在以灰数的白化函数生成为基础上的一种灰色评估方法。它将聚类对象对于不同聚类指标所拥有的白化数按若干灰类进行归纳，从而判断出聚类对象属于哪一类。

首先确定标准权重矩阵（$n \times m$）：

$$\eta_{ij} = \frac{C_{ij}}{\sum\limits_{i=1}^{n} C_{ij}} \qquad (5.36)$$

式中，η_{ij} 为第 i 指标占级别 j 的标准权重。

然后建立满足各指标、级别区间的最大白化函数值（等于 1），偏离此区间越远，白化函数越小（趋于 0）的功效函数 $f_{ij}(X)$，根据监测值 C_{ki} 可在图上解析出相应的白化函数 $f_{ij}/(C_{ki})$，当 $C_{ki}/C_{im} > 1$ 时，即大于最大级别界限时，用式（5.37）增大该样品在最大级别的白化函数值。

$$f_{ij}(C_{ki}) = \frac{C_{ki}}{C_{im}} = a \qquad (5.37)$$

式中，a 为舍去余数取整数法得到的自然数。

第 k 样品各指标属于 j 级别的聚类系数为：

$$\sigma_{kj} = \sum_{i=1}^{n} f_{ij}(C_{kj}) \eta_{ij} \qquad (5.38)$$

最后由 σ_{kj} 构造聚类向量矩阵（$p \times m$），得行向量最大者，确定 k 样本属于 j 级别对应的级别。

5.3.2.4　LVQ-ANN（学习矢量量化-人工神经网络）模型

人工神经网络（ANN）是对人脑或自然的神经网络若干基本特性的抽象和模拟，是一处非线性动力学系统，它具有大量并行处理的分布式信息存储能力，良好的自适应性、自组织性及很强的学习、联想、容错及抗干扰能力。神经网络通过寻找输入和输出数据之间的关系，实现特征提取和统计分类等模式识别任务。目前人工神经网络模型有数十种，比较典型的有前向型神经网络，以 BP 神经（Back Propagation，误差反向传播）神经网络为代表；反馈型神经网络，以 Hipfield 网络为代表；自组织神经网络，以自组织映射神经网络（SOM）为代表。其中由 Rumelhart 和 Mcclelland 等人提出的基于前向型误差反向传播方法的 BP-ANN 模型在地下水质量综合评价中应用最广，Moody 和 Darken 提出的前向型径向基函数网络（RBF）在地下水质量综合评价中也有报道。BP 神经网络的缺点是采用了基于梯度下降的非线性优化策略，凭经验确定网络隐层单元初始权值、学习率，有可能陷入局部最小值，网络存在冗余连接或节点等。其他一些优化策略如遗传算法、模拟退火算法等，虽然可以求得全局最小，但是计算量很大，有时还会出现效率问题。

学习矢量量化（LVQ）算法比较特殊，是在有教师状态下对竞争层进行动练的一种学习算法。其优点是在进行模式识别时，不需要对输入向量进行归一化、正交化处理，只需要直接计算输入向量与竞争层之间的距离，就能实现模式识别，因此该算法简单易行。

一个学习矢量量化(LVQ)网络由三层神经元组成,即输入层、隐含层和输出层。该网络在输入层与隐含层间为完全连接,而在隐含层与输出层间为部分连接,每个输出神经元与隐含层神经元的不同组相连接。隐含层和输出层神经元之间的连接权值固定为"1"。输入层和隐含层神经元之间的连接权值建立参考矢量的分量(对每个隐含神经元指定一个参考矢量)。在网络训练过程中,这些权值被修改。隐含神经元和输出神经元都具有二进制输出值。当某个输入模式被送至网络时,参考矢量最接近输入模式的隐含神经元因获得激发而赢得竞争,因而允许它产生一个"1",其他隐含神经元都被迫产生"0"。与包含获胜神经元的隐含神经元组相连接的输出神经元也发出"1",而其他输出神经元均发出"0"。产生"1"的输出神经元给出输入模式的类,每个输出神经元被视为不同的类。

5.3.2.5 模糊综合评价模型

模糊数学模型实际上是基于对地下水污染的随机不确定性、灰色不确定性和模糊不确定性认识,利用模糊集合理论和方法,将研究区域地下水各污染因子看作一个向量集合 U(称其为因素论域),把"地下水质量标准"中规定的质量级别看作一个矩阵 V(称其为评语论域),利用监测样本的各污染因子隶属于地下水各质量级别的可能性,来构造因素论域 V 与评语论域 U 之间的模糊关系,即模糊关系矩阵 R。

如何处理 V、R 和 U 的关系以及如何计算模糊关系矩阵 R,从而得到研究区域各监测样本的地下水质量级别矩阵 B(为 U 的子集),在模糊数学上有多种方法,如模糊综合评价法、模糊模式识别法、模糊贴近度法、模糊距离法、模糊聚类法等。

目前模糊综合评价模型在地下水水质评价中应用较多,且被大多数专家学者认可。

5.4 生态环境损害的公众健康风险

5.4.1 环境健康风险

环境污染的损害后果不仅仅针对环境本身,当大气、水体、土壤等环境介质受到损害之后,这些环境介质会通过多种途径导致人体健康的损害。环境污染对环境本身的损害通常是可见的、明显的,然而环境污染对人体的损害就复杂得多。人类周围环境存在着各种致病因素,对人体健康的影响表现为"潜伏期—病状期—显露期—危险期"的发展过程,这实际上是有毒物质的"量变"引起人体生理机能的"质变"过程。根据世界卫生组织

(WHO)的报告,世界范围内大约24％的疾病负担(健康寿命年损失)和23％的死亡(早逝)是由环境因素导致的;在0～14岁的儿童中,环境污染造成的死亡比例高达36％。

环境健康风险是指由自然原因和人类活动(对自然或社会)引起的,通过环境介质传播,对人群健康造成危害或者累积性不良影响的概率及其后果。环境健康风险涉及身体健康的损害、身体机能的部分或全部丧失以及心理健康的损害等方面。环境污染致害的构成要件包括:(1)污染源;(2)受体,受污染环境中的有毒有害物质通过环境的直接、间接作用影响或进入人体;(3)传播途径,包括直接传播途径和间接传播途径,指受污染环境中的有毒有害物质通过直接接触影响人体健康,或者通过水源、食物等媒介间接影响人体健康的途径。

研究发现,环境污染对人体健康的损害,很大程度上与人体对环境中某些元素具有的巨大富集效应有关。美国科学家在长岛河口区的实验中发现,大气中"滴滴涕"(DDT)浓度很低,但经过食物链放大作用,进入人体的"滴滴涕"浓度可达大气"滴滴涕"浓度的1000万倍:大气"滴滴涕"—浮游生物(富集1.3万倍)—小鱼(富集14.3万倍)—大鱼(富集57.2万倍)—水鸟(富集85.8万倍)—人体(富集1000万倍)。许多因环境污染引起的人体健康损害事件都是食物链和生物富集放大的结果,如日本水俣病、痛痛病、四日市哮喘等。

对人体健康有影响的环境污染物既包括工业生产过程中排放的废水、废气、废渣,也包括人们消费工业品所形成的生活废弃物,如使用含磷洗涤剂后排放的废水、丢弃的电子产品等。环境污染物因具有两个明显的特点,往往会造成不特定多数人的健康受害:一是影响范围大,所有的环境污染物都会随生物地球化学循环而流动并对其接触者产生影响;二是作用时间长,许多环境污染物具有生物毒性,在环境中及人体内的降解速度较慢。

环境污染物主要通过呼吸道和消化道进入人体,也可经皮肤和其他途径进入。环境污染物进入人体后,由血液输送到人体各组织。不同的有毒物质在人体各组织的分布状况不同。一般来说,重金属多分布在人体的骨骼内,而"滴滴涕"等有机农药则分布在脂肪组织内。有毒物质长期在人体组织内分布并富集,极易对机体产生潜在危险。各种污染物在体内经生物转化后,大部分经肾、消化管和呼吸道排出体外,少量随汗液、乳汁、唾液等各种分泌液排出体外,也有的通过皮肤的新陈代谢作用而离开机体。除了很少一部分水溶性强、相对分子质量极小的污染物可以原物排出体外,绝大部分污染物都要经过某些酶的代谢或转化作用改变其毒性,增强水溶性而易于排泄。人体的肝、肾、胃肠等器官对污染物都有一定的代谢转化功能,其中以肝脏代谢最为活跃。在体内代谢过程中,一般的有毒物质可能毒性减小而解毒,但也有一些有毒物质可能毒性增强,如农药

"1605"(乙基对硫磷)在体内氧化后毒性更大。

除了通过蓄积、代谢和排泄三种方式改变污染物的毒性外,人体还有自适应和耐受机制。但人体的耐受是有限度的,一旦超过一定限度,就会引起中毒甚至死亡。不同的污染物对人体危害的临界浓度和临界时间都不同,当环境污染物在体内蓄积达到中毒阈值时,就会对人体造成危害。环境污染对人体健康的危害可分为急性危害、慢性危害和远期危害。当污染物在短期内大量侵入人体,会对人体造成急性危害。历史上发生的公害事件,都是急性危害。当污染物长期以低浓度持续不断地进入人体,则会对人体造成慢性危害和远期危害。如大气中低浓度污染物引起的慢性鼻炎、慢性咽炎,以及低剂量重金属铅引起的贫血、末梢神经炎、神经麻痹、幼儿大脑受损继而引发的学习和注意力涣散等智力障碍等。环境污染物对人体的远期危害主要体现为致癌、致畸、致突变作用。资料表明,人类癌症由病毒生物因素引起的不超过 5%,由放射性物理因素引起的也在 5% 以下,而由化学物质引起的约占 90%。在致癌的化学物质中,有相当一部分是环境污染物,如砷化物、石棉纤维、煤烟中的苯类、二氧化硫、农药等。

5.4.2　环境健康风险评估

近年来,环境污染导致的人体健康问题引起了政府及公众的高度关注。2011 年以来,雾霾天气在全国大部分地区频频出现。一方面,公众并不了解雾霾天气对健康的影响,另一方面,我国对雾霾天气公众健康预警数据及依据预警数据结果制定的预防措施不完善,因此造成了一定程度的公众恐慌。2012 年,广受关注的柳州水污染事件,由于没有对饮用水健康风险进行评估,无法向公众公布科学可信的定量风险数据及提供公众饮水安全的预防指导措施,导致公众对饮用水安全产生怀疑,恐慌性地抢购瓶装水。近年来类似的案例层出不穷。因此,如何准确评价环境污染对公众健康的影响,并采取可行的干预措施,已成为社会热点问题。环境健康风险评估是处理各类环境污染健康危害事件,制定公共卫生相关政策与标准,采取可行的健康干预措施(如环境健康风险预警),与媒体及公众进行风险交流,开展公众环境健康服务的必要工具和手段。

环境健康风险评估是将环境污染与人体健康联系起来的一种评价方法,通过估算环境中有害因子对人体健康引发不良影响的概率来评价暴露于该有害因子中的人体健康。其主要特点是以风险度作为评价指标,将环境污染程度与人体健康联系起来,定量描述污染物对人体产生的健康危害。环境健康风险评估由四部分组成:(1)危害识别,对待评价物质进行定性(危害人群健康的性质),若对人群健康造成危害(中毒、疾病、致癌、致畸、影响生殖发育、遗传损伤等),则估计其对人群健康危害的程度;(2)暴露评估,在确定环境有害因子的来源、排放量、排放方式、途径和迁移转化规律并确定暴露人群、暴露途径、暴露时间和频率等特征的基础上,选择合适的估算模型,对暴露量进行估算;(3)剂量-反应关系评估,确定待评估物质的剂量(暴露浓度乘以暴露时间)与人或动物群体中出现不良效应(如疾病或死亡等)反应率之间的定量关系;(4)风险表征,在对前三项评定结果综合分析后,预期在暴露人群中有害效应的反应概率及其可信程度,陈列评估中的不确定因素以及今后改进的方向。

5.4.2.1 危害识别

危害识别可以定义为"对某种化学物质其固有能力引起的不良效果的识别"。危害识别的过程需要参考毒理学和流行病学的数据资料,属于定性评价的范畴。在进行危害识别时,可以基于风险的三要素原则发现潜在的风险。通过搜集文献资料、采集环境样品,查找潜在的环境污染物;基于流行病学及毒理学的相关资料确认污染物对人群健康的影响,并判断是否存在潜在的危害;通过调查,发现潜在的接受者及暴露途径;最终确定在该区域需要评估的环境健康风险。

作为环境健康风险评估的第一步,危害识别的主要任务为:(1)识别出对健康有潜在威胁的污染物质;(2)根据调查的信息来判断某一物质是否对人体造成健康危害,以及需要进行的下一步的评价。以上两项任务需要将专业知识与科学判断相结合。在危害识别的过程中,需要总结所掌握的信息并进行综合判断以评价污染物质引起人体各种不良健康反应的可能性。

5.4.2.2 暴露评估

暴露评估为环境健康风险评估提供可靠的暴露数据、估算值以及暴露情况。通过暴露评估,得到人群对于化学污染物暴露途径的信息,进而选择合适的方法估算人群的暴露量。

化学污染物对人群健康影响的暴露途径主要有三类:通过空气或土壤的吸入途径、通过食物、水或土壤的经口摄入途径及通过土壤或水的皮肤接触途径。

暴露评估的主要任务为定量估算暴露量,主要方法有外暴露及内暴露两种。外暴露法可以在发生接触的接触点(身体的外边界层)测量接触的暴露浓度和暴露参数,也可以通过分别评价在不同环境下接触的暴露浓度和暴露参数来估算,然后再将上述信息合并(场景评价法)。暴露量还可以在暴露发生以后通过内标物再现来进行估算。

(1)暴露评估方法

暴露评估是确定或者估算暴露量的大小、暴露频率、暴露的持续时间和暴露途径。

关于暴露情况的收集方法主要分为直接法和间接法。

直接法包括个体监测和生物监测。个体监测法是测量一定时间内个人身体接触污染物平均浓度的方法,但是此种方法受采样器材、样本数量以及随机抽样监测的不确定性限制,在我国并未广泛使用。生物监测法即生物标志物法,是一种直接监测生物介质中污染物内暴露的重要方法。通过皮肤、血液、唾液、头发、指甲、母乳等人体生物样本的取样监测,反映出多暴露途径进入人体的暴露剂量。对于急性毒性,目前国际上普遍认可生物标志物法的暴露评估结果,其可以反映暴露早期的生物学或生理学改变。

间接法即通过对污染物浓度的监测、对不同人口学特征人群在不同环境介质中的暴露时间和频率进行调查、统计,估算人群的实际暴露浓度,以评估健康风险。我国学者使用该方法对各种环境介质中的污染物通过不同暴露途径进入人体的健康风险进行科学评估。随着近年来对健康风险评估研究的不断深入,污染物的生物有效性也被用于健康风险评估。

除了上述方法之外,国际上越来越多的学者尝试将地理信息系统(GIS)技术应用于暴露评估研究中,发展了许多将暴露模型和 GIS 技术相结合的方法。我国也有关于 GIS 技术的研究,但是将 GIS 技术与健康风险暴露模型结合的研究和报道较少。

(2)暴露评估模型

近年来,发达国家在暴露评估模型方面发展较快。国外许多国家和研究机构开发了多种评价模型,其中,以美国的 RBCA(Risk-Based Corrective Action,基于风险的纠正措施)模型和英国 CLEA(Contaminated Land Exposure Assessment,污染场地暴露评估)模型应用最为广泛。我国在《建设用地土壤污染风险评估技术导则》(HJ 25.3—2019)中也发布了基于多介质的暴露模型,但由于起步较晚,在暴露模型方面多是引用国外较为成熟的模型。建立多暴露途径、复合污染的暴露评估模型也成为我国健康风险评估工作的当务之急。

(3)暴露参数

人体的暴露参数是环境健康风险评估中的主要因子,因此正确选择暴露参数是决定健康风险评估准确性和科学性的关键环节。美国、欧盟、日本、韩国等国家和地区均发布了适用于当地人群的暴露参数手册或数据库。然而我国无论是卫生部门还是环保部门,均未发布一套可供参考的标准或者手册,在进行人体暴露和健康风险评估研究中主要还是引用国外的一些资料。因此国家环境保护部发布的"十二五"环境与健康工作规划中将"发布《中国人群暴露参数手册》"作为主要任务。原卫生部分别于 1959 年、1982 年和 1992 年开展了 3 次全国范围的营养调查工作,并于 2002 年在全国开展中国居民营养与健康状况的调查。中国疾病预防控制中心于 1989—2004 年与美国北卡罗莱纳大学合作开展中国健康与营养调查项目，对9省2万人的膳食和营养状况进行了调查。近年来国内的科学家积极开展暴露参数的研究工作，然而在暴露参数优化方式上，多使用美国环境保护署（USEPA）推荐的计算模型方法或者使用其推荐的方法。

5.4.2.3 剂量-反应关系评估

剂量-反应关系评估是通过人群流行病学研究或动物实验等资料确定化学物质适合于人体的剂量-反应关系曲线，并由此得到人群在给定暴露剂量下的毒理学数据。作为环境健康风险评估过程的一个重要环节，剂量-反应关系评估提供了将暴露信息转换为评估风险的数学基础。

剂量-反应关系评估的主要任务是获取所需评价的化学污染物致癌效应或非致癌效应的剂量-反应关系的毒理学数据。按照毒理学作用方式可将有害化学物质分为有阈化学物质和无阈化学物质两类。有阈化学物质是已知或假设在一定剂量下，对动物或人体健康不发生有害作用的化学污染物。无阈化学物质是已知或在大于零的任何剂量下都可诱导出致癌效应的化学污染物。在剂量-反应关系评估过程中，美国环境保护署（USE-PA）视几乎每一种非致癌物均具有不良反应的阈值，属于有阈化学物质。而几乎每一种致癌物都没有这样的阈值，属于无阈化学物质。

剂量-反应关系评估最终需获得化学污染物的毒理学数据。目前有许多数据库可以检索此类信息，如USEPA、世界卫生组织（WHO）、美国疾病控制及预防中心（CDC）等机构都有此类毒理学数据库。

5.4.2.4 风险表征

风险表征是健康风险评估中在总结前期结论的同时，综合进行风险的定量和定性表达，这也是风险评价和风险管理的桥梁，是最后决策中最关键的步骤。由于致癌物和非致癌物的化学毒性不同，在评估时应分别考虑致癌效应和非致癌效应。若表征潜在非致癌效应，应进行摄入量与毒性之间的比较；若表征潜在致癌效应，应根据摄入量和特定化学剂量反应资料评估个体终身暴露产生癌症的概率。

（1）风险计算方法

暴露剂量-外推法有两种表征方法：个人最大超额风险评估法和人群超额病例数风险评估法。个人最大超额风险指在一定期间内以一定暴露水平连续暴露于某有害因子时，该有害因子对暴露个体造成的最大超额风险。个人最大超额风险评估模型也是近年来使用最多、应用最广的风险计算模型。人群超额病例数是指以一定暴露水平暴露于某有害因子时，该有害因子对暴露人群造成的超额病例数。但由于人群超额病例数风险评估法需要使用个体终生患癌超额危险度及个体年平均患癌超额危险度等多个参数,增加了其不确定性,近年来我国在健康风险评估的过程中鲜有使用。

(2)可接受暴露限值

可接受健康风险水平是在综合考虑社会、经济、技术等诸多因素后评判环境污染所致人体健康风险是否可接受的标准。国际上一些国家、地区和机构规定了健康风险评估中的最大可接受风险水平,但其可接受暴露限值各有差异。我国尚未制定此类限值,大多使用国外限值,如瑞典环保局、荷兰建设环保部和英国皇家协会推荐的可接受健康风险水平 $1 \times 10^{-6}/$年,USEPA 推荐的可接受健康风险水平 $1 \times 10^{-4}/$年,以及国际辐射防护委员会(ICRP)推荐的可接受健康风险水平 $5 \times 10^{-5}/$年。

(3)不确定性分析

在环境健康风险评估中,由于对所研究的系统目前和将来的状态认知不完全,对危害的程度或表征方式认识不充分,评价结果往往会存在较大的不确定性。在暴露评估中,由于在暴露参数的调查过程中存在测量误差、取样误差和系统误差,因此评价结果存在不确定性。国内研究者开展了对环境健康风险评估中暴露参数不确定性的研究。研究发现风险与不确定性是共存的。环境健康风险评估的不确定因素主要包括环境污染与健康损害背景的不确定性,参数的不确定性,人群的遗传背景与生活环境、生活方式的不确定性,人群年龄和性别及健康状况的不确定性,模型的不确定性(例如动物实验模型与人群反应之间的差别等),以及评估方案完整程度的不确定性等。因此,须对环境健康风险进行不确定性分析,权衡其轻重并给予必要的说明或解释,或给出健康风险定量值的可信范围。

环境健康风险评估模型的不确定性是指由于对真实过程的简化,出现模型结构说明错误、模型误用、替代变量使用不当,即模型表达不合适等问题。传统评价过程直接用污染物的平均浓度来进行评价,忽略了浓度变化的特性,从而导致评价结果有一定的不确定性。近年来,国内研究者对不确定性评价模型开展了一些研究。

由于致癌效应和非致癌效应的剂量-反应评估存在着本质上的区别,它们的风险特征也截然不同,要分开讨论并分别以 Risk(风险)及 HQ(危害系数)来表征。在进行风险特征计算后,需主要表述下述情况的风险:(1)在总人群中具有高风险分布的人群;(2)重要的分组人群,如高暴露或高易感性的人群或个体;(3)全部的暴露人群。但即使使用最准确的数据和最精密的模型,在评价过程中也会存在不确定性。不确定性分为以下几种:(1)不能准确测量的变量(可能由于仪器的限制或由于测量中的变化所造成的定量不准);(2)模型运用过程中的不确定性,包括将动物模型外推并应用于人体致癌效应上以及用计算机模型来预测环境中化学物质的传输和汇等。

第6章　土壤与地下水污染修复与风险管控

　　生态环境修复,主要指的是对生态系统停止人为干扰,从而减少其负荷和压力,依靠生态系统自身的调节功能和自身的组织能力使其朝着有序的方向不断演化。生态环境修复也可以指利用生态系统的自我恢复能力,再辅以人工措施,从而使被破坏的生态系统逐步恢复或者使生态系统朝着良性循环的方向发展。目前,雾霾、沙尘暴、土地荒漠化、洪水等自然灾害以及水污染、水资源短缺等环境问题,对我国的社会经济发展造成极大影响。为此,我国采取了一系列生态环境修复措施,常见的如建设自然保护区、植树造林、退耕还林等。

　　所谓"生态环境风险"是指自然因素或人类活动导致的能源枯竭、物种多样性降低、生态系统退化和环境污染等环境问题对人类未来的生活和生产活动产生短期或者长期不利影响,甚至危及人类未来生存和发展的一种可能性。生态环境风险按照风险源释放、风险因子、风险受体暴露损害的不同过程,可分为突发性风险和累积性风险。随着经济高速发展与城市化进程加快推进,目前我国生态环境风险防范形势严峻,突发性环境事件频发,累积性环境事件影响恶劣,关系群众健康、生态安全的生态环境风险问题集中显现,这对国民经济平稳运行、社会健康发展以及生态环境保护构成了不容忽视的威胁。我国幅员辽阔,各地经济社会发展水平、资源环境禀赋以及生态系统的多样性和脆弱性存在很大差异,因此各地的生态环境风险的类型、程度有所不同。总体来说,我国突发性和累积性生态环境风险并存,大气、水、土壤环境以及生态系统安全形势复杂而严峻。

　　生态环境风险与人口、经济和环境要素的空间分布高度相关,在时间上具有潜伏性和持续性。运用空间管控的思维和工具,深刻洞察生态环境风险的空间分异和时间动态,才能够有效防范生态环境风险。空间管控视角下的环境管理体系,对解决生态环境问题,防范生态环境风险具有重要的意义,对于推进我国生态文明建设具有重要的意义。因此,生态环境风险管控的思路应贯穿于整个污染场地修复的过程中。

　　现阶段,生态环境风险管控形势严峻,因此建立生态环境风险管控体系具有很强的必要性和重要的现实意义。建立生态环境风险管控体系旨在从各个层面通过系统化的制度体系设计统筹考虑解决生态环境风险问题,保障人体健康与生态环境安全,需要系统地考虑生态环境风险管控的主体、对象、过程、区域等要素以及相关基础研究等保障和支撑措施,处理好生态环境风险防范与应急、研究与实践等多方面的关系。生态环境风险防控要求主动采取风险预防和控制措施以降低生态环境风险:各项措施应具备技术、经济可行性,能有效预防、减缓和控制生态环境风险;在工程设计和管理制度方面,追求物的安全状态与人的安全行为统一;实施风险防控措施后,生态环境风险达到可接受的水平。

(1)严格建设用地用途管制

对于污染地块,要对其不同用途进行区分,不能简单禁用;应按照"以质量定用途"的原则,根据地块的污染程度进行分级,将符合相应规划用地要求的地块纳入用地程序,合理确定土地利用方式。在编制土地利用总体规划和城镇建设详细规划时,要尽量避免严重污染地块再开发利用为学校、住宅区等敏感类用地;确实需开发利用的,应进行治理修复,达到相应的用地要求后,方可开发利用。新建化工、制浆、酿造、冶炼、电镀、制革等项目用地,要优先使用污染地块,减少新的地块污染。对暂不开发利用或现阶段不具备治理修复条件的污染地块,从明确管理责任主体、封闭污染区域、防止污染扩散等方面,提出管控要求。

(2)识别存在生态环境风险的污染途径

调查污染地块的空间范围、污染类型,主要污染物的浓度分布,水、大气环境介质的流场、浓度场,以及土壤环境质量受影响程度和范围等相关信息,建立污染地块开发利用的负面清单。结合周边居民分布和当地气象条件,识别污染物对人居环境的影响及暴露途径。如地块污染物具有易挥发、疏水特性,通过大气扩散途径可能对周边人群造成很大的影响;污染物易溶于水,渗入土壤污染地下水,并随着地下水迁移可能对周边饮用水水源地水质安全构成威胁。根据污染物的污染程度、扩散范围及水文地质条件,可采取地下水抽出处理、可渗透反应屏障等措施,从而有效降低生态环境风险。

(3)确定修复方案并进行风险评估

根据污染地块未来规划的使用功能要求,确定从弃用至部分修复、全部修复等方案的风险等级及管控措施,并进行多方案比选。对污染地块修复过程的每个环节进行评估,根据当地实际情况构建概念模型,确定污染物、受体和污染途径之间的关联,通过暴露评估和毒性评估,计算暴露量和污染物参数。在暴露评估和毒性评估的基础上,采用风险评估模型计算污染场地的风险控制值,评估各种措施对污染物的控制效果,并提出科学合理的修复方案。最终确定的修复方案应具备以下特点:从技术方面来看,正面效益大于负面效益;从经济方面来看,修复方案完成后的产出明显大于投入;从社会方面来看,公众对修复方案的实施过程和完成情况均可接受。

（4）控制二次污染风险

污染地块修复过程中可能发生的二次污染的产物包括"三废"、噪声等。污染地块修复时应注意：进行异位处理需采取大棚覆盖、负压运行等措施抑制挖掘过程中产生的扬尘和挥发性物质,并保证运输车辆的密闭性,防止抛洒滴漏；采取水相抽提、多相抽提、热处理技术进行土壤修复必须配备完整有效的尾气处理设施；在施工场地周围设置截水沟截留雨水径流和施工废水,经妥善处理后达标排放；设置监测点位,对修复过程中产生的污染物进行动态监测。我国在污染地块治理修复过程中积累了丰富的经验,制定了多项监管制度和污染防治举措,包括定期检查制、工程进展周报制、污染土壤转移联单制度、治理现场视频监控、第三方监理制度等一系列监管制度。随着这些制度和措施的有效落实,避免在场地修复过程中出现二次污染,从而确保了污染场地的修复效果。

我国的污染地块数量庞大、类型多样、污染情况复杂,因此污染地块修复是一项长期而艰巨的工作。为了降低污染地块的环境风险,政府和企业应高度重视污染,根据当前及今后土地再利用情况进行风险评估,并制定相应对策。针对修复技术不到位、资金筹措困难的污染地块,应暂不修复,采取限制土地用途、阻隔污染扩散、实时跟踪监测等管控措施。针对具备修复条件、需要开发利用的污染地块,可进行治理修复。在修复过程中应进行风险管控,将风险控制在可接受的范围内。通过污染地块管理和风险评估、地块修复管控及与土地利用功能的结合,可实现对污染地块的有序管理和安全利用。

6.1　土壤与地下水污染溯源

要想有效地治理和修复土壤及地下水污染问题,首先需要查清污染源的分布、污染排放浓度等基本情况。

6.1.1　土壤污染溯源

污染物的空间分布和来源识别是土壤污染风险评估和修复的关键。常用的土壤污染溯源方法包括指标溯源方法（空间变异法和富集因子法）、关系溯源方法（相关性分析法）、图形溯源方法（地理信息系统）、降维模型溯源方法（主成分分析法）和受体模型溯源方法（正矩阵因子分解法）。

空间变异法是获取重金属总体分布特征的快速方法。它通过计算元素含量的标准差和变异系数,来推测具有高标准差和高变异系数的元素的外源输入情况。

相关性分析法是一种关系分析方法,用来寻找元素的共同分布特征。一旦确定了一个元素的来源,其他具有正(或负)相关性的元素就可以被确定为具有相似(或相反)的来源。根据参考元素和背景值计算得出的富集因子,消除了自然因素的干扰,用来区分元素的风化过程或人为来源。

上述方法都是较为直接、便捷的土壤污染溯源方法。但是,它们不能保证对污染物来源识别的精确性,也不能有效地估算不同来源的贡献。

随着地理信息系统和地统计学的发展,在元素的空间分布和来源识别上,空间插值技术得到了广泛的应用。由于需要对未采样点进行精确预测,在空间插值过程中通常选择克里金法。这种方法不仅考虑了附近点的浓度,而且考虑了未采样点与已知点之间的距离关系。空间插值技术作为一种快速、直观的图形溯源方法,可以精准地对元素含量、主成分得分、矩阵因子赋分等进行空间预测,进而推测元素的潜在来源。

主成分分析法是常用的降维溯源方法。它通过对元素数据集进行降维,获得少量的主成分,同时对样品进行标准赋分,并进一步进行来源识别。尽管这种方法能够识别来源,但无法直接计算来源的贡献率,这是因为普通的主成分分析中的成分得分会出现负值,而且还需要结合回归分析才能进行贡献率的量化。

正矩阵因子分解法是美国环保部推荐的一种用于来源识别和量化的受体模型。它将元素的原始数据集分解为计算用的贡献率矩阵和溯源用的属性数据集,从而可以直接利用得出的因子正值计算贡献率,并绘制各因子的空间分布图,用于来源识别。此外,这种模型由于引入了不确定度数据集,从而提高了潜在来源识别的准确性。利用主成分得分或者正矩阵因子赋值的分布图结合地理信息系统进行来源识别,是更为准确的土壤重金属溯源的方法。

6.1.2　地下水污染溯源

地下水污染具有隐蔽性、滞后性和不可逆性等特点。在地下水污染事件发生后,可能会存在污染源发现不及时而使地下水污染不断扩散的情况。因此,治理地下水污染首先需要解决的关键性问题就是精确、及时地确定污染源。如何快速定位地下水污染源位置和确定污染物排放浓度,从而采取有效措施切断污染源,避免更大范围的地下水污染,已经成为地下水科研领域一个非常重要的研究方向。

地下水污染溯源技术尚不成熟,目前国内外主要有四大类溯源技术方法:水化学溯源分析、同位素溯源分析、数值模型溯源分析、优化算法溯源分析。由于地下水受外界影响较大,污染溯源难度较大,因此与大气、地表水等污染溯源技术相比,针对地下水的污染溯源技术较少,地下水污染溯源技术不够成熟。

6.1.2.1 水化学溯源分析

水化学溯源分析可以分为三类:水化学特征分析、水化学聚类分析、水化学因子分析。研究者对水样检测并进行水质指标统计特征值分析,计算不同系数并分析特点,绘制 Piper 图(三线图图示法),揭示出贺兰山西麓地区地下水水化学特征与季节、位置之间的关系及其演变过程;通过对数据组应用主成分分析、聚类分析、主成分多元回归等方法,对嘉陵江重庆段多环芳烃及溶解性有机质的污染特征及来源进行分析;运用污染因子相关分析方法精确找到某次地下水污染事故的污染物来源。但是水化学溯源分析技术也存在一定的局限性,如可能无法具体细分研究区的水化学类型。

6.1.2.2 同位素溯源分析

同位素溯源分析技术对研究地下水污染分析、地下水运动规律以及地下水污染反演等方面都具有非常重要的作用,是目前全球地下水研究领域的一种先进技术手段。在地下水污染溯源的研究中,稳定同位素和放射性同位素技术发展较为迅速,相关应用案例较多。

研究者利用 $^{15}N/^{14}N$ 同位素对杭州市地下水污染中的氮污染源进行了识别;利用 N、O 同位素并结合其他同位素技术方法来示踪地下水中硝酸盐的污染源;在研究污染物来源过程中使用 Pb 同位素来示踪铅污染的来源。有部分学者通过大量的相关研究表明,用 ^{32}Si、^{14}C、^{3}H、^{3}He、^{85}Kr、^{4}He、^{3}He 等测试地下水年龄及污染敏感性,用无机物污染的同位素 ^{15}N-^{18}N、^{15}N 等进行地下水污染物来源的研究均获得了较好的效果。

6.1.2.3 数值模型溯源分析

数值模型溯源分析方法也取得了较好的成效。地下水污染的数值模型溯源分析主要是研究各种溶质的浓度在多孔介质中的时空变化规律,从而定性或定量地预测现在或未来含水层中污染物的分布情况。目前主要的地下水质模型有三种:黑箱模型、对流-弥散模型(也称确定性模型)和随机模型。对流-弥散模型是目前应用最广泛的地下水质模型。对流-弥散模型的适用性很强,可以用于各向同性或各向异性、均质或非均质的多孔介质,能够比较全面地反映地下水中溶质的运动过程,并且其初始条件和边界条件都可以是任意选择的。就黑箱模型和随机模型而言,其研究还处于理论探索的阶段。研究者建立了一种越流含水层系统地下水污染的数学模型,并将该模型运用于模拟 Cl^- 的运移,该研究模拟的结果与野外观测的结果拟合度较高。研究者建立利用等价多孔介质模型对山东省淄博市大武水源地的裂隙岩溶地区地下水中污染溶质的迁移进行了模拟。另有研究者对地下水及其污染物的运移规律等进行了不同方面的研究。随着科学技术的快速发展,数值模型溯源分析方法也得到了较大程度的发展,现已成为解决地下水污染问题的重要方法。凭借着方便、高效和灵活的特点,数值模型溯源分析方法在水文地质领域的应用越来越广泛。

6.1.2.4　优化算法溯源分析

现代智能优化算法发展较为迅速,其在地下水污染溯源问题研究中广泛应用,如粒子群优化算法、遗传算法、模拟退火算法、禁忌搜索、蚁群算法、人工鱼群算法等。有研究者将遗传算法应用于对地下水流模型参数反演问题的求解上。遗传算法是在种群遗传机制和自然选择原理基础上,通过模拟自然淘汰、变异、遗传进行进化,以适应环境的变化,产生最合适的个体和进化机制随机搜索算法。许多研究者对基本的遗传算法进行大量改进,形成了基于遗传算法的模拟退火罚函数方法。模拟退火混合算法(SMSA)结合了单纯形法的确定性搜索和模拟退火算法,当应用于反演地下水污染源的强度变化历时曲线时,反映出其是一种较为高效的混合优化算法。研究者基于最佳摄动思想提出一种改进的遗传算法用于地下水污染强度研究;利用微分进化算法研究了多污染溯源问题;利用概率方法(贝叶斯-蒙特卡洛方法)研究地下水污染溯源问题。目前,全局优化算法(SCE-UA)尚未应用到地下水污染溯源的研究中,而应用到地表水污染溯源的研究相对较多。

6.2　土壤与地下水污染修复与风险防控

6.2.1　土壤污染修复技术

土壤污染修复是使遭受污染的土壤恢复正常功能的技术措施。土壤污染修复主要以受人类活动直接影响的区域、与人类接触最为密切的非饱和区为主。非饱和区是指地面以下、潜水面以上的液相饱和度小于 1 的区域。非饱和区土壤一般包含固态、液态、气态三相系统。

污染土壤修复技术根据处置场所、原理、修复方式、污染物存在介质等方面的不同,可以有不同的分类方法。如表 6.1 所示,按照处置场所,可分为原位修复技术和异位修复技术;按照修复技术原理,可分为物理、化学、生物生态工程联合修复技术等污染土壤修复技术。

表 6.1　污染土壤修复技术分类

分类		技术方法
按处置场所分类	原位修复	蒸汽浸提、生物通风、原位化学淋洗、热力学修复、化学氧化还原处理墙、固化/稳定化、电动力学修复、原位生物修复等
	异位修复	蒸汽浸提、泥浆反应器、土壤耕作法、土壤堆肥、焚烧法、预制床、化学淋洗等
按修复技术原理分类	物理修复	物理分离、蒸汽浸提、玻璃化、热解吸、固化/稳定化、冰冻、电动力学等技术
	化学修复	化学淋洗、溶剂浸提、化学氧化、化学还原、土壤性能改良等技术
	生物修复	微生物降解、生物通风、生物堆、泥浆相生物处理、植物修复、空气注入、监控式自然衰减、预制床等
	生态工程修复	植物修复:植物提取、植物挥发、植物固化等技术
	联合修复	生态覆盖系统、垂直控制系统和水平控制系统等技术
		物理化学-生物:淋洗-生物反应器联合修复等,固定稳定化,抽出处理,渗透性反应墙
		植物-微生物联合修复:菌根菌剂联合修复等

各种修复技术在原理、适用性、局限性和经济性方面具有不同的特点。一般而言,特定场合的污染土壤进行工程修复时,需根据当地的经济实力、土壤性质、污染物性质等因素,进行修复技术的合理性选择和组合工艺的优化设计。

6.2.1.1　土壤原位修复技术

（1）土壤混合/稀释技术

土壤混合/稀释技术是指用清洁土壤取代或者部分取代污染土壤,覆盖在土壤表层或混匀,使污染物浓度降低到临界危害浓度以下的一种修复技术。通过混合/稀释,减少污染物与植物根系的接触,进而减少污染物在食物链中的传递。土壤混合/稀释技术可以单独使用,也可以与其他修复技术联用,如固定稳定化、氧化还原等。该技术在使用时需根据土壤污染物浓度、范围和土壤修复目标值,计算需要混合的干净土壤的量。土壤混合时尽量延垂直方向,减少水平方向混合,避免扩大污染面积。土壤混合可以是原位混合,也可以是异位混合。

土壤混合/稀释技术适用于土壤中的污染物不具有危险性且含量不高（一般不超过修复目标值的 2 倍）的情况。该技术适合于土壤渗流区,即含水量较低的土壤。当土壤含水量较高时,土壤混合不均匀,进而会影响混合效果。

(2)填埋法

填埋法是将污染土壤进行掩埋覆盖,采用防渗、封顶等配套设施防止污染物扩散的处理方法。填埋法并不能使土壤中污染物本身的毒性和体积减少,但可以使污染物在地表的暴露量减少,进而降低其迁移性。填埋法是土壤修复技术中最常用的技术之一。在填埋的污染土壤的上方需布设阻隔层和排水层。阻隔层(风隔层)应是低渗透性的黏土层或者土工合成黏土垫层。设置排水层的目的是避免地表降水入渗造成污染物的进一步扩散。通常干旱气候条件下要求填埋系统的设计简单一些,湿润气候条件下可以设计比较复杂的填埋系统。填埋法的费用通常低于其他技术。

在填埋场条件合适的情况下,填埋法可以用来临时存放或者最终处置各类污染土壤。该方法通常适用于处理地下水位之上的污染土壤。填埋的顶盖只能阻挡垂向水流入渗,因此需要建设垂向阻隔墙以避免水流水平流动导致的污染扩散。填埋场需要定期进行检查和维护,确保顶盖不被破坏。

土壤阻隔填埋指将污染土壤或经治理后的土壤置于防渗阻隔填埋场内,或通过敷设阻隔层阻断土壤中污染物迁移扩散的途径,使污染土壤与四周环境隔离,避免污染物与人体接触以及随降水或地下水迁移进而对人体和周围环境造成危害。土壤阻隔填埋未对污染物进行降解和去除处理,是以风险控制为目标的修复技术。按其实施方式,可以分为原位阻隔覆盖和异位阻隔填埋。阻隔填埋适用于重金属、有机物及重金属有机物复合污染土壤,不适用于污染物水溶性强或渗透率高的污染土壤,也不适用于地质活动频繁和地下水水位较高的地区。

土壤阻隔覆盖系统构成和主要设备、影响修复效果的关键技术参数以及测试参数如下:原位土壤阻隔覆盖系统主要由土壤阻隔系统、土壤覆盖系统、监测系统组成。土壤阻隔系统主要由高密度聚乙烯膜(HDPE 膜)、泥浆墙等防渗阻隔材料组成。通过在污染区域四周设立阻隔层,将污染区域限制在某一特定区域。土壤覆盖系统通常由黏土层、人工合成材料衬层、砂层、覆盖层等一层或多层组合而成;监测系统主要由阳隔区域上下游的监测井构成。异位土壤阻隔填埋系统主要由土壤预处理系统、填埋场防渗阻隔系统、渗滤液收集系统、封场系统、排水系统、监测系统组成。其中,填埋场防渗系统通常由HDPE 膜、土工布、钠基膨润土、土工排水网、天然黏土等防渗阻隔材料构筑而成。根据项目所在地地质及污染土壤情况需要,通常还可以设置地下水导排系统与气体抽排系统或者地面生态覆盖系统。阻隔填埋技术施工阶段涉及大量的施工工程设备,如土壤阻隔系统施工需要冲击钻、液压式抓斗、液压双轮铣槽机等设备;土壤覆盖系统施工需要挖掘机、推土机等设备;填埋场防渗阻隔系统施工需要吊装设备、挖掘机、焊膜机等设备;异位土壤填埋施工需要装载机、压实机、推土机等设备;填埋封场系统施工需要吊装设备、焊膜机、挖掘机等设备。阻隔填埋技术在运行维护阶段需要的设备相对较少,仅异位阻隔填埋土壤预处理系统需要破碎机、筛分设备、土壤改良机等。

影响原位土壤阻隔覆盖技术修复效果的关键技术参数包括:阻隔材料的性能、阻隔系统深度、土壤覆盖层厚度等。①阻隔材料的性能。阻隔材料的渗透系数要小于 10^{-7} cm/s,要具有极高的抗腐蚀性、抗老化性,具有强抵抗紫外线能力,使用寿命在 100 年以上,且无毒无害。阻隔材料应确保阻隔系统连续、均匀、无渗面。②阻隔系统深度。通常阻隔系统要阻隔到不透水层或弱透水层,否则会削弱阻隔效果。③土壤覆盖层厚度。对于黏土层通常要求厚度大于 300 mm,且经机械压实后的饱和渗透系数小于 10^{-7} cm/s。

影响异位土壤阻隔填埋技术修复效果的关键技术参数包括:防渗阻隔填埋场的阻隔防渗效果及填埋的抗压强度、污染土壤的浸出浓度、土壤含水率等。①阻隔防渗效果。该阻隔防渗填埋场通常由压实黏土层、钠基膨润土垫层(GCL)和 HDPE 膜组成。该阻隔防渗填理场的防渗阻隔系数要小于 10^{-7} cm/s。②抗压强度。对于高风险污染土壤,需经固化稳定化后处置。为了能安全贮存,固化体必须达到一定的抗压强度(一般在 0.1~0.5 MPa),否则可能会破碎,增加暴露表面积和污染性。③浸出浓度。高风险污染土壤经固化稳定化处置后浸出浓度要小于《危险废物鉴别标准 浸出毒性鉴别》(GB 5085.3—2007)中相应浓度规定限制。④土壤含水率。土壤含水率要低于 20%。

原位土壤阻隔覆盖技术测试参数包括土壤污染类型及程度、土壤污染深度、土壤渗透系数、场地水文地质等,可根据需要在现场进行工程中试试验。异位土壤阻隔填埋技术测试参数包括土壤含水率、土壤重金属含量、土壤有机物含量、土壤重金属浸出浓度、土壤渗透系数、场地水文地质等,可以在实验室开展相应的小试或中试试验。对于高风险污染土壤可以联合固化/稳定化技术,对污染土壤进行填埋处理;对于低风险污染土壤可直接填埋在阻隔防渗填埋场内或原位阻隔覆盖。

(3)固化/稳定化技术

固化/稳定化技术是将污染土壤与某些具有聚结作用的黏结剂混合,使污染物在污染介质中固定,并处于长期稳定状态,是应用于土壤重金属污染的较普遍的快速控制修复方法。

固化/稳定化技术实际上分为固定化和稳定化两种修复技术。其中,固定化技术是将污染物封入特定的晶格材料中或在其表面覆盖低渗透性的惰性材料,以达到限制其迁移活动的目的;稳定化技术是从改变污染物的有效性出发,将污染物转化为不易溶解、迁移能力或毒性更小的形式,以降低其环境风险和健康风险。但当包容体破裂后,危险成分重新进入环境可能造成不可预见的影响。该修复技术不能彻底根除污染,容易导致土壤和地下水的进一步污染。固化/稳定化技术包括水泥固化、石灰固化、药剂稳定化等。其材料有硅酸盐水泥、火山灰、硅酸酯、沥青以及各种多聚物等。硅酸盐水泥以及相关的铝硅酸盐（如高炉熔渣、飞灰和火山灰等）是最常用的黏结剂。

固化/稳定化技术适用于重金属污染土壤或具有毒性、强反应性、半挥发性污染物，按照处置场所可分为原位和异位稳定/固化技术。原位稳定/固化技术适用于重金属污染土壤的修复，一般不适用于有机污染物污染土壤的修复；异位稳定/固化技术通常适用于无机污染物污染土壤的修复，不适用于挥发/半挥发性有机物和农药杀虫剂污染土壤的修复。

水泥窑协同处置技术是我国常用的固化/稳定化技术。水泥窑协同处置技术是在水泥的生产过程中，将污染土壤作为替代燃料或原料，通过高温焚烧及烧结，在水泥熟料矿物化过程中实现重金属的物理包容、化学吸附、晶格固化等目的的废物处置手段。水泥窑协同处置技术在我国的实际工程中应用较多，如北京、重庆等地都有水泥窑协同处置重金属污染土壤的案例，其中重金属在水泥窑内协同处置的转化机制已较为明确。

各种固定剂抑制玉米吸收镉的效果由大到小排序为：骨炭粉≈石灰＞硅肥≈钙镁磷肥＞高炉渣≈钢渣。各种固定剂抑制芦苇吸收镉的效果从大到小的排序为：硅肥≈钙镁磷肥＞石灰≈骨炭粉＞高炉渣≈钢渣。为保证农产品的安全，骨炭粉和石灰在玉米种植时的施用量须大于 0.5%，而硅肥和钙镁磷肥在芦蒿种植时的施用量须大于 1%，其他固定剂施用量要求更高。施用几种固定剂后，土壤中水溶态、交换态、碳酸盐结合态及铁锰氧化物结合态镉的含量均有所降低，其余各种形态镉的比例有所增加。即土壤中有效态镉的含量降低，促进土壤从生物可利用性高的形态向迟效态转化。

（4）热解吸修复技术

热解吸修复技术（thermal desorption）是指通过直接或间接热交换，将受污染的土壤加热（常用的加热方法有蒸汽注入、红外辐射、高频电流、过热空气、燃烧气、热导、电阻加热、微波和射频加热），使土壤中的挥发性污染物（如 Hg）从污染介质中挥发或分离，在挥发时可回收或处理的一种方法。热解吸修复技术的加热温度控制在 200～800 ℃，按加热温度可分成低温热处理技术（土壤温度为 150～315 ℃）和高温热处理技术（土壤温度为 315～540 ℃或更高）。热解吸过程中发生蒸发、蒸馏、沸腾、氧化和热解等作用，通过调节温度可以选择性地去除不同的污染物。土壤中的部分有机物在高温下分解，其余未能分解的部分在负压条件下从土壤中分离出来，最终在地面处理设施（后燃烧器、浓缩器或活性炭吸附装置等）中被彻底去除。热解吸修复技术具有工艺简单、技术成熟等优点，但该技术能耗大、操作费用高。该技术对处理土壤的粒径和含水量有一定要求，一般需要对土壤进行预处理，否则有产生二噁英的风险。热解吸修复过程通常在现场由移动单元完成,由于解吸过程对污染物破坏小,所以后续要对解吸出的产物进行处理。

土壤热解吸技术装置包括土壤加热系统、气体收集系统、尾气处理系统、控制系统等。

蒸气浸提法是通过向污染土壤内引入清洁空气产生驱动力,利用土壤固相、液相和气相之间的浓度梯度,降低土壤孔隙的蒸气压,将污染物转化为气态形式而加以去除的技术。该方法适用于高挥发性化学污染介质的修复,如受汽油、苯和四氯乙烯等污染的土壤。

热解吸修复技术可以高效地去除污染场地内的各种挥发或半挥发性有机污染物,污染物去除率可达 99.98% 以上。透气性差或黏性土壤由于在处理过程中会发生板结而影响处理效果。技术应用过程中,高黏土含量或湿度会增加处理费用,且高腐蚀性的进料会损坏处理单元。

热处理修复技术适用于处理土壤中挥发性有机物、半挥发性有机物、农药、高沸点氯代化合物,不适用于处理土壤中重金属(Hg除外)、腐蚀性有机物、活性氧化剂和还原剂。加热会导致局部压力增大,可能会造成蒸气向低温带迁移,并可能污染地下水,应注意地下潜在的易燃易爆物质的危险。

(5)土壤微生物修复技术

土壤微生物修复技术是指利用微生物(土著菌、外来菌和基因工程菌)对污染物的代谢作用而转化、降解污染物,将土壤、地下水中的危险污染物降解、吸收或富集的生物工程技术系统。通过营造出适宜微生物生长的环境(如营养源、氧化还原电位、共代谢基质),强化微生物降解作用。利用污染物(特别是有机污染物)作为营养源,通过吸收、代谢等作用将污染物转化为稳定无害的物质。强化作用的原理是通过为土著微生物或外源微生物提供最佳的营养条件及必需的化学物质,保持其代谢活动的良好状态。

可降解污染物的微生物种类很多,已经报道的有 200 多种,如细菌有假单胞菌、棒杆菌、微球菌、产碱杆菌属等,放线菌主要是诺卡菌属,酵母菌主要是解脂假丝酵母菌和热带假丝酵母菌,霉菌有青霉属和曲霉属。此外,蓝藻和绿藻也能降解多种芳烃。

土壤微生物修复按处置地点分为异位生物修复(生物堆肥等)和原位生物修复(如原位深耕、原位生物降解、生物反应墙等)。生物通风是一种强迫氧化生物降解的方法,即在受污染土壤中强制通入空气,将易挥发的有机污染物一起抽出,然后排入气体处理装置进行后处理或直接排放。地耕处理是通过在受污染土壤上进行耕耙、施肥、灌溉等耕作活动,为微生物代谢提供良好的环境条件,以保证生物降解发生,从而使受污染土壤得到修复的一种方法。堆肥法分为:①风道式堆肥处理法,堆肥料置于称为风道的平行排列的长通道上,靠机械翻动来控制温度;②好气静态堆肥处理法,堆肥料置于有鼓风机和管道的好气系统上,通过管道来供氧和控制湿度;③机械堆肥处理法,堆肥在密封的容器中进行,过程易于控制,间歇或连续运行。堆肥法的原理:将污染土壤与水(至少35%含水量)、营养物、泥炭、稻草和动物粪便混合后,使用机械或压气系统充氧,同时加石灰以调节 pH;经过一段时间的发酵处理,大部分污染物被降解,标志着堆肥完成。经处理消除污染的土壤可返回原地或用于农业生产。

(6)植物修复技术

植物修复是以植物忍耐和超量积累某种或某些化学元素的理化性质为基础,利用植物及其根际圈微生物体系的吸收、挥发、降解、萃取、刺激、钝化和转化作用来清除环境中污染物质的一项新兴的污染治理技术。具体地说植物修复是指利用植物本身特有的利用、分解和转化污染物的作用以及植物根系特殊的生态条件加速根际圈的微生态环境中微生物的生长繁殖,或利用某些植物特殊的积累与固定能力,提高对环境中某些无机和有机污染物的脱毒和分解能力。

广义的植物修复包括利用植物修复重金属污染的土壤、净化空气和水体、清除放射性核素,利用植物及其根际圈微生物共存体系净化土壤中的有机污染物。目前,植物修复主要指利用植物及其根际圈微生物体系清洁污染土壤,而利用重金属超积累植物的提取作用去除污染土壤中的重金属技术又是植物修复的核心技术,因此狭义的植物修复主要指利用植物清除污染土壤中的重金属。

植物修复作用原理主要是通过植物自身的光合作用、呼吸作用、蒸腾作用和分泌等代谢活动与环境中的污染物质和微生态环境发生交互反应,从而通过吸收、分解、挥发、固定等过程使污染物达到净化和脱毒的修复效果。植物修复技术在国内外得到了广泛关注,目前已应用于砷、镉、铜、锌、镍、铅等重金属以及与多环芳烃、多氯联苯和石油烃复合污染土壤的修复,并发展出如络合诱导强化修复、不同植物套作联合修复、修复后植物处理处置的成套集成技术。

(7)氧化还原技术

土壤化学氧化-还原技术是通过向土壤中投加化学氧化剂(Fenton 试剂、O_3、H_2O_2、$KMnO_4$ 等)或还原剂(SO_2、FeO、气态 H_2S 等),使其与污染物质发生化学反应来实现净化土壤的目的。通常,化学氧化法适用于土壤和地下水同时被有机物污染的情况。运用化学还原法修复对还原作用敏感的有机污染物是当前研究的热点。例如,纳米级粉末零价铁的强脱氯作用已被接受并运用于土壤与地下水污染的修复。但是,目前零价铁还原脱氯降解含氯有机化合物技术的应用还存在诸如铁表面活性的钝化、被土壤吸附后聚合失效等问题,需要开发新的催化剂和表面激活技术。

（8）电动修复技术

电动修复是指借助电化学和电动力学的结合作用促使污染物富集到电极区，随后进行集中处理或分离的过程。通过向污染土壤两侧施加直流电压形成电场梯度，土壤中的污染物质在电场的作用下通过电迁移、电渗流或电泳的方式被富集电极两端进行处理，从而实现土壤修复。

目前，该技术已进入现场修复的应用阶段。我国也开始了有关有机污染土壤的电动修复技术的研究。电动修复速度快、成本低，且不需要化学药剂投入，适合小范围的黏质的可溶性有机物污染土壤的修复，且修复过程中对环境几乎没有负面影响。与其他修复技术相比，电动修复技术也易于被大众接受。

6.2.1.2　土壤异位修复技术

（1）土壤淋洗技术

土壤淋洗技术是使某种对污染物具有溶解能力的液体与土壤混合、摩擦，从而将污染物转移到液相和小部分土壤中的异位修复方法。土壤淋洗分为原位和异位土壤淋洗。原位土壤淋洗一般是指将冲洗液由注射井注入或渗透至土壤污染区域，由冲洗液将污染物质携带至地下水后用泵抽取污染的地下水，并于地面上去除污染物的过程。异位化学淋洗指将污染土壤挖掘出来，用水或淋洗剂清洗土壤以去除其中的污染物，再对含有污染物的清洗废水或废液进行处理。洁净土可以回填或运至别处回用。

淋洗剂主要有无机冲洗剂、人工螯合剂、阳离子表面活性剂、天然有机酸、生物表面活性剂、氧化剂和超临界 CO_2 液体清洗剂等。化学淋洗可去除土壤中的重金属、芳烃和石油类等烃类化合物以及三氯乙烯（TCE）、多氯联苯（PCBs）、氯代苯酚等卤化物。常用的淋洗液包括：①清水，可避免二次污染问题，但去除效率有限，主要用于可溶于水的重金属离子的去除。②无机溶剂，如酸、碱、盐。通过酸解、络合或离子交换作用来破坏土壤表面官能团与污染物的结合。优点是成本低、效果好、作用快。缺点是破坏土壤结构，产生大量废液，后处理成本高等。③螯合剂，包括乙二胺四乙酸（EDTA）类人工螯合剂和柠檬酸、苹果酸等天然螯合剂，主要用于重金属的去除。人工螯合剂存在二次污染问题，而天然螯合剂应用前景广阔。④表面活性剂，用于重金属和疏水性有机污染物的去除。表面活性剂可黏附于土壤中降低土壤孔隙度，冲洗液与土壤的反应可降低污染物的移动性。化学表面活性剂存在二次污染问题，而生物表面活性剂应用前景广阔。表面活性剂对低渗透性的土壤（黏土、粉土）处理困难。

化学淋洗法一般可用于放射性物质、重金属或其他无机物污染土壤的处理或前处理。化学淋洗法可以去除土壤中大量的污染物，适用范围较广，并能限制有害废弃物的扩散范围。和其他处理方法相比,化学淋洗法投资及消耗相对较少,操作人员可不直接接触污染物。化学淋洗法的局限性主要表现在:①对质地比较黏重、渗透性较差的土壤修复效果比较差。一般来说,当土壤中黏土含量达到 25%～30%时,不考虑采用该技术。②目前使用效果较好的淋洗剂成本较高,无法用于大面积的实际土壤修复中。③土壤污染问题可能转化为含重金属废液的回收处理问题,以及由于淋洗剂残留而可能造成的土壤和地下水二次污染问题。EDTA 能与大部分金属离子结合形成稳定的化合物,当 EDTA 过量时,对几乎所有类型非岩屑组成的土壤和重金属离子都有较高的洗脱效率,所以可广泛用于重金属污染土壤的清洗。但是,EDTA 处理土壤具有非选择性,存在一些问题,如在去除重金属元素的同时会吸附有用的碱性阳离子(如 Ca^{2+} 或 Mg^{2+}),不易生物降解,易造成二次污染的问题。近来,一种配合能力强、易生物降解的配体乙二胺二琥珀酸(LEDDS)逐渐引起人们的关注,可有效避免二次污染等问题。但目前 LEDDS 价格还比较昂贵,因而其大面积应用还不现实。

(2)泥浆相生物处理技术

泥浆相生物处理也可称为生物反应器技术。对于严重污染土壤,生物反应器修复技术已成为最佳选择之一。泥浆相生物处理是在生物反应器中处理挖掘的土壤,通过污染土壤和水的混合,利用微生物在合适条件下对混合泥浆进行清洁的技术。首先对挖掘的土壤进行物理分离,去除石头,然后将土壤与水在反应器中混合,混合比例根据污染物的浓度、生物降解的速度以及土壤的物理特性而确定。有些处理方法需对土壤进行预冲洗以浓缩污染物,将其中的清洁沙子排出,然后对剩余的污染颗粒和洗涤水进行生物处理。泥浆中的固体含量在 10%～30%。土壤颗粒在生物反应容器中处于悬浮状态,并与营养物和氧气混合。反应器的大小可根据试验的规模来确定。处理过程中通过加入酸或碱来控制 pH,必要时需要添加适当的微生物。生物降解完成后,将土壤泥浆脱水。土壤的筛分和处理后的脱水价格较为昂贵。泥浆相生物处理可为微生物提供较好的环境条件,从而可以大大提高降解反应速率。

泥浆相生物处理法可用来处理石油烃、石化产品、溶剂类和农药类污染物,对于均质土壤、低渗透土壤的处理效果较好。连续厌氧反应器可也用来处理多氯联苯、卤代挥发性有机物、农药等污染物。

(3)化学萃取技术

化学萃取技术(也称为溶剂萃取技术)是利用溶剂将污染物从被污染的土壤中萃取出来的技术,一般由预处理系统、萃取系统和溶剂循环系统等组成。使用的溶剂需要进行再生处理后回用。该技术采用"相似相溶"原理,常用三乙醇胺(TEA)、液化气和超临界流体作萃取剂。在洗涤/干燥设备中,当温度低于 18 ℃时 TEA 能与水混溶,脱除水分。然后加热至 55～80 ℃去除污染物,由于在此温度范围内 TEA 不溶于水,因此液体被分为两层。该技术可用来处理 PCBs、除草剂、多环芳烃(PAHs)、焦油、石油等多种污染物。

在采用溶剂萃取方法之前,首先将污染土壤挖掘出来,并将大块杂质(如石块和垃圾等)分离并筛选,随后将土壤放入具有良好密闭性的萃取容器内,使土壤中的污染物与化学溶剂充分接触,从而将污染物从土壤中萃取出来,浓缩后进行最终处置(焚烧或填埋)。该技术能取得成功的关键是要求污染物易溶于萃取剂而萃取剂难溶于环境条件。常用的化学溶剂有各种醇类或液态烷烃,以及超临界状态下的水体。化学溶剂易造成二次污染。如果土壤中黏粒的含量较高,循环提取次数要相应增加,同时也要采用合理的物理手段降低黏粒聚集度。

化学萃取技术能从土壤、沉积物、污泥中有效地去除有机污染物,萃取过程也易操作,溶剂可根据目标污染物确定。土壤湿度及黏土含量会影响处理效率。一般来说,该技术要求土壤的黏土含量低于 15%、湿度低于 20%。

表面活性剂对微生物的影响:对于不能被生物利用的表面活性剂,其毒性可抑制微生物的生长;对于生物可利用的表面活性剂,微生物可将其作为辅助碳源促进自身生长。

非离子表面活性剂(如 Tween-80)修复非水相流体(NAPLs)污染含水层的冲洗浓度应大于 2.0 g/L。十二烷基苯磺酸钠(SDBS),最佳表面活性剂的冲洗浓度和冲洗流速分别为 10.0 g/L 和 3.0 mL/min。科研人员在利用表面活性剂冲洗前,首先向地下水中注入一定体积的质量分数为 6.0% 的正丁醇溶液,然后再注入质量分数为 1.2% 的表面活性剂溶液,结果发现:流出液中氯苯和三氯乙烯的密度均小于 $1.0 g/cm^2$,超过 90% 的氯苯和 85% 的三氯乙烯被去除,实验过程中没有发现明显的有机物垂向迁移行为。

表面活性剂对有机物在介质上的解吸行为的影响因素主要是:表面活性剂种类和浓度、土壤类型、有机物性质、温度和 pH 等。

表面活性剂可以增强传质作用。在疏水性有机物污染土壤的生物修复中,表面活性剂的最重要的作用是促进疏水性有机污染物从土壤到水相的传质过程。对处于不同物理状态下的疏水性有机污染物,表面活性剂对改善其生物可利用性起着重要的作用。表面活性剂的活性分子一般由非极性亲油基团和极性亲水基团组成,两基团的位置分别在分子两端,形成不对称结构,因此表面活性剂属于双亲媒性物质。表面活性剂的亲油基团主要是碳氢键。各种形式的碳氢键性能差别不大,但亲水基团部分的差别较大。按照亲水基团的结构的不同,将表面活性剂分为 4 类:阳离子表面活性剂、阴离子表面活性剂、两性表面活性剂和非离子表面活性剂。浓度低时,活性分子在水溶液中以单体形式存在;浓度超过一定值(称为临界胶束浓度,CMC)时,活性分子就聚集形成胶束。

在选择表面活性剂时,必须首先考虑表面活性剂的生物毒性和可生物降解性。表面活性剂的生物毒性表现在:表面活性剂与细胞膜中脂类成分发生反应,可能破坏细胞膜的结构;表面活性剂分子与细胞的功能蛋白有可能发生反应。这两个因素都有可能降低微生物的活性甚至导致其死亡。不同种类的表面活性剂所表现出的毒性有很大差别。在 pH 值为 7 或稍高时,阳离子表面活性剂毒性较大,而在 pH 值较低时阴离子呈现较强毒性。非离子表面活性剂总体上比离子型表面活性剂的生物毒性要小得多。

（4）焚烧技术

焚烧技术指利用 870～1200 ℃的高温燃烧（有氧条件下）,使污染土壤中的卤代化合物和其他难降解的有机成分挥发。高温焚烧技术实质上是一个热氧化过程。在这个过程中,有机污染物分子被裂解成气体（CO_2、H_2O）或不可燃的固体物质。焚烧技术主要采用多室空气控制型焚烧炉和回转窑焚烧炉。与水泥窑联合进行污染土壤的修复是目前国内应用较为广泛的方式。焚烧过程的评分阶段包括废弃物预处理、废弃物给料、燃烧、废气处理以及残渣和灰分处理。需要对废物焚烧后的飞灰和烟道气进行检测,防止二噁英等毒性更大的物质产生以及满足排放标准。焚烧技术通常需要辅助燃料来引发和维持燃烧,并需要对尾气和燃烧后的残余物进行处理。即在焚烧实践中应把握好"3T",在焚烧区的时间（Time）、焚烧温度（Temperature）、燃烧气体温度（Temperature）,以确保更充分地与氧气混合接触的强大湍流。在焚烧处理 PCBs 和其他持久性有机污染物（POPs）时应充分鉴定土壤中的金属元素,如 Pb 是 PCBs 污染物中常见的金属,会在大多数焚烧炉中挥发,因此必须在废气排入大气前将 Pb 去除。一般地,在 850 ℃停留 2 s 可以破坏所有含氯有机物,包括 PCBs 和二噁英,但此方法要求所有废弃物都要通过过热区,这难以实现。为获得充分的安全限度,焚烧温度必须超过 1100 ℃且停留时间要超过 2 s。而水泥窑内温度可达 1400 ℃且停留时间较长（可达数秒）。在冷却过程中将面临形成二噁英的难题,为此必须确保废气在 250～5000 ℃下进行快速冷却或用水骤冷。灰分需进行脱水或固化稳定化处理。焚烧后的烟气应通过静电除尘、洗涤器或过滤器等处理后排放。

焚烧炉主要有流化床、旋转炉和炉排炉。旋转炉是常用的焚烧炉,反应器温度可达 120 ℃左右。美国超级基金开展的污染场地修复中,1982—2004 年焚烧技术占 11％,2005—2008 年焚烧技术占比降为 3％。

焚烧技术可用来处理大量高浓度的 POPs 以及半挥发性有机污染物等。该技术对污染物处理彻底,污染物去除率可达 99.99％。常用的焚烧技术与水泥回转窑协同处置效果较好,需对污染土壤进行分选,并对其中的重金属等成分进行检测,以保证产出的水泥的质量符合相关标准。

焚烧技术缺点：①有害废弃物的有机成分可能留在底灰中，需要进一步的处理或处置。②不稳定运行条件较多，如电源、过大颗粒物（石块）、传感器疲劳、操作失误、技术缺陷等。③含水量较高会加大给料处理要求与能源需求，增加二噁英排放量，需设置二燃室，成本较高。

（5）水泥窑共处置技术

水泥窑共处置技术指在传统的水泥生产过程中加入一定比例的污染土壤，在温度超过 1400 ℃的水泥窑内煅烧至部分熔融，生成具有水硬特性的硅酸盐水泥熟料。污染土壤除含有少量污染物外，其主要成分与水泥原料（石灰石与黏土：碳酸钙、二氧化硅及铁铝氧化物）相似，可替代水泥生产的部分原料。使用该技术土壤中有机污染物的去除率可达 99.99％以上。水泥窑内的碱性成分（石灰石）可将污染土壤焚烧分解产生的酸性物质（HCl、SO_2）中和为稳定的盐类。共处置后的成品水泥利用其水硬特性可将残存的有害元素固化在混凝土中。

水泥回转窑可在物料粉磨、上升烟道、分解炉、窑门罩或窑尾烟室设置物料投放点。

水泥窑共处置技术适合处置重金属和持久性有机污染物。水泥的生产要求 CaO、SiO_2、Al_2O_3、Fe_2O_3 含量大于 40％的土壤才能在水泥窑内进行共处置。焚烧过程中生成的碱金属盐 NaCl、KCl 的凝结点分别为 809 ℃和 773 ℃，易在预热装置下部结晶，导致成层及堵塞。污染土壤的粒径大于水泥原料粒径常常导致水泥熟料降低、产量下降。

6.2.1.3　土壤联合修复技术

土壤联合修复法是将物理/化学修复法、生物修复法联合起来的修复方法，可以实现单一技术难以达到的目标，降低修复成本。据美国超级基金修复行动报道，1982—2002年土壤相抽提技术占 42％，生物修复技术占 20％，其余的固化稳定化、中和法、原位热处理分别占 14％、6％、14％。在已有应用的修复技术组合中，选取其中具有代表性的土壤联合修复技术，介绍如下。

（1）电动力学修复＋植物修复

此技术可用来处理无机物污染的土壤。首先采用电动力学修复技术对土壤中的污染物进行富集和提取，对富集的部分单独进行回收或者处理；然后利用植物对土壤中残留的无机物进行处理，可将高毒的无机污染物变为低毒的无机污染物或者利用超累积植物对土壤中污染物进行累积后集中处置。

（2）气相抽提＋氧化还原

此技术可用来处理挥发性卤代化合物和非卤代化合物污染的土壤。首先采用气相抽提的方法将土壤中易挥发的组分抽取至地面，然后对富集的污染物利用氧化还原的方法进行处理或采用活性炭或液相炭进行吸附。对于吸收过污染物的活性炭和液相炭采用催化氧化等方法进行回收利用。

（3）气相抽提＋生物降解

此技术适用于半挥发卤代化合物的处理，可采用气相抽提的方法将污染物进行富集，富集后的污染物可集中处理。由于半挥发卤代化合物的特性，使其可能在土壤中残留，从而影响气相抽提的处理效率。因此，在剩余的污染土壤中通入空气和营养物质，利用微生物对污染物的降解作用处理其中残留的污染物，可以达到土壤修复的目的。

（4）土壤淋洗＋生物降解

此技术适用于燃料类污染物污染土壤的处理。一般先采用原位土壤淋洗技术进行处理，待污染物降解到一定程度后，将淋洗液抽出处理后排放。燃料类污染物遇水易形成非水溶相液体（NAPLs），易在土壤孔隙中残留，无法通过抽取的方法从土壤中去除。因此在形成 NAPLs 的位置通入空气和营养物，采用生物降解的方法对其中残留的污染物进行处理，可以达到清除污染物的目的。

（5）氧化还原＋固化稳定化

此技术适用于无机物污染土壤的处理。无机污染物特别是重金属类污染物的毒性与价态相关，在自然界的各种作用下其价态可发生变化。此联合修复方式先采用氧化还原的方法将高毒的无机物变成低毒或者无毒的无机物。为避免逆反应的发生，需在处理后加入固化剂等物质降低污染物的迁移性，从而保证污染土壤的修复效果。

（6）空气注入＋土壤气相抽提

此技术是一种较好的修复技术组合方法，适用于土壤和地下水中挥发性有机物的处理。在土壤和地下水污染处设置曝气装置，一方面通过增加氧气含量促进微生物降解，另一方面利用空气将其中的挥发性污染物汽化进入包气带。利用土壤气相抽提系统将汽化的污染物抽出到地面集中处理。

（7）生物联合修复技术——微生物/动物-植物联合修复技术

结合两种或两种以上修复方法，形成联合修复技术，不仅能提高对单一土壤污染的修复速度和效果，还能弥补单项修复技术的不足，实现对多种污染物复合/混合污染土壤的修复，这已成为土壤污染修复技术研究的重要内容。微生物（如细菌、真菌)-植物、动物（如蚯蚓)-植物、动物（如线虫)-微生物联合修复是土壤生物修复技术研究的新内容。例如，种植紫花苜蓿可以大幅度降低土壤中多氯联苯的浓度；根瘤菌和菌根真菌双接种能强化紫花苜蓿对多氯联苯的修复作用；接种食细菌线虫可以促进扑草净的生物降解。利用能促进植物生长的根际细菌或真菌，发展植物-降解菌群协同修复、动物-微生物协同修复及其根际强化技术，促进有机物的吸收、代谢及降解是生物联合修复技术新的研究方向。

6.2.1.4　土壤修复技术的发展趋势

目前,我国土壤修复主要借鉴或引进国际上已成熟的修复技术,通过"引进—吸收消化—再创新"来发展土壤修复技术。但国内土壤类型、条件和场地污染的特殊性决定了要发展中国特色的实用土壤修复技术与设备,以促进我国土壤修复市场化与产业化的发展。目前,单一的修复方法很难完全去除污染物,有的修复时间很长,有的对土壤的扰动很大、成本太高。土壤修复朝着寻求有效的强化手段提高污染物去除效率、开发新的联合修复技术、构建土壤修复生态工程方向发展。土壤修复技术应从生态学的角度出发,在修复污染的同时,维持生态系统正常的结构和功能,做到绿色修复,实现人和环境的和谐统一。修复土壤污染时,必须尽可能地避免工程实施给环境带来负面影响,尽可能地阻止次生污染的发生,防止次生有害效应的产生。

土壤修复需求巨大,然而市场尚需更加规范,资金缺乏、技术不成熟正制约着它的发展。有关部门应该在开展典型地区、典型修复的土壤污染治理试点基础上,通过探索各类型的土壤修复经验,制定较为完善的土壤修复技术体系;并参照发达国家经验,有计划、分步骤、科学地推进土壤污染治理修复。对于不同区域以及不同类型和程度的污染,应因地制宜采取不同的修复方法。

土壤修复技术经历了四个发展阶段:20 世纪 70 年代,化学控制、客土改良;20 世纪 80 年代,稳定与固定、微生物修复;20 世纪 90 年代,植物修复;21 世纪初,物化-生物联合修复,并逐渐将污染治理的重点集中到污染场地修复。目前,土壤修复技术正朝着六大方向发展,即向绿色可持续与环境友好的生物修复、联合杂交的综合修复、原位修复、基于环境功能材料的修复、基于设备化的快速场地修复、土壤修复决策支持系统及修复后评估等技术方向发展。其中,绿色可持续修复是一种考虑到修复行为造成的所有环境影响而能够使环境效益最大化的修复行为。对环境的影响可以降低到最小,将节能减碳及扩大回收植入修复技术的设计及执行,如植物修复技术、生物修复技术、修复土壤的再回收使用或者物化/生物联合修复技术等,都可以称为绿色可持续修复技术。

6.2.2　地下水污染修复技术

地下水治理是一个复杂的系统工程,首先要进行水文地质调查和监测,掌握污染场地地下水的赋存规律、地下水的水化学特征、地下水的补给排泄径流、地下水动态、地下水污染源与途径、地下水污染现状及污染物迁移转化规律。地下水赋存环境表现出的隐藏性、延迟性和系统复杂性,致使地下水污染修复极其困难且费用高昂。

地下水污染可分为直接污染和间接污染两种。直接污染的特点是污染物直接进入含水层,在污染过程中,污染物的性质保持不变。直接污染是地下水污染的主要方式。间接污染的特点是地下水污染并非污染物直接进入含水层导致的,而是污染物作用于其他物质,使这些物质中的某些成分进入地下水造成的。间接污染过程复杂,污染原因易被掩盖,要查清污染来源和途径较为困难。地下水污染的结果是地下水中的有害成分如酚、铬、汞、砷、放射性物质、细菌、有机物等的含量增高。污染的地下水对人体健康和工农业生产都有危害。

地下水污染的类型主要有:一是海水倒灌造成的地下水污染;二是地表水造成的地下水污染;三是工业污水造成的地下水污染;四是垃圾填埋场渗滤液造成的地下水污染。地下水污染的原因主要有人类活动,农药、化肥的不合理施用,农村畜禽养殖业造成的污染,固体废物处理不当,污水灌溉及某些小企业污废水的渗坑排放。按地下水的污染途径可以将污染分为间歇入渗型、连续入渗型、越流型、径流型。连续入渗型和间歇入渗型污染主要是污染潜水。对含水层造成污染的主要是越流型污染,它对地下水的影响很大。在地下水污染中治理难度最大和对人类危害最大的是有机污染。

6.2.2.1　地下水污染原位修复技术

原位修复技术主要有地下水曝气法、可渗透反应墙技术、化学氧化还原技术、地下水循环井技术、原位反应带技术、表面活性剂强化含水层修复技术等。

（1）地下水曝气法

地下水曝气法（AS）是将空气注入污染区域以下,将挥发性有机污染物从饱和土壤和地下水中解吸至空气流并引至地面上处理的原位修复技术。地下水曝气法是 20 世纪 80 年代末发展起来的一种处理地下水饱和带中挥发性有机污染物的原位修复技术。首先将压缩空气注入地下水饱和带,以提高污染场地内的氧气浓度;随后挥发及半挥发性有机污染物通过挥发、好氧降解等作用被去除。由于成本低、效率高且可原位施工等优点,地下水曝气修复技术近年来在国际上得到了快速发展,多应用于分子量较小、易从液相变为气相的挥发性有机污染物。

AS 技术将压缩空气注入地下水饱和带,气体向上运动过程中引起挥发性污染物自土体和地下水进入气相,当含有污染物的气体升至非饱和带,再通过气相抽提系统进行处理从而达到去除污染物的目的。由于受到空气扰动,水相与非水相流体接触机会增多,污染物溶解速度也有所加快。此外,土体中的有机质对污染物有较强的吸附作用,并且土体水相饱和度也会影响 NAPLs 的吸附量。AS 过程向饱和土层提供氧气,挥发作用只能将污染物移出处理区,生物降解作用则可以将有毒污染物转化为无害物质。在 AS 修复后期,残余污染物的挥发性和溶解性均较差,此时生物降解作用对污染物去除的贡献增大。

（2）可渗透反应墙技术

可渗透反应墙技术（PRB）是一种实用的现场修复技术。可渗透反应墙是一种被动原位处理技术，是一个被动的反应材料原位处理区，这些反应材料能够降解和滞留部分流经该墙体的地下水污染组分，从而达到治理污染的目的。在地下水走向下游区域内的土壤具有一定的可渗透能力，使处于地下水走向上游的"污染斑块"中的污染物能够顺着地下水流以自身水力梯度进入"处理装置"（反应墙），而处理装置通常通过挖人工沟渠建成，沟渠中则装填着渗透性较差的化学活性物质。污染物通过天然或者人工形成的水力梯度被运送到处理介质中，形成一个清除地下水斑块。这种污染地下水斑块流经反应墙，通过介质的吸附、淋滤及化学和生物降解，达到去除溶解有机质、金属、放射性物质以及其他污染物质的目的。与传统的地下水处理技术相比较，PRB 技术是一个无须外加动力的被动系统，特别是该处理系统的运转在地下进行，不占地面空间，比原来的泵取地下水的地面处理技术要经济、便捷。可渗透反应墙一旦安装完毕，除某些情况下需要更换墙体反应材料外，几乎不需要其他运行维护费用。实践表明，与传统的地下水抽出再处理方式相比，该技术至少能够节约 30％的费用。

可渗透反应墙借助充填于墙内的、针对不同污染物质的不同反应材料与污染物质进行化学反应与生物降解，达到去除溶解污染物的目的。其主要由可渗透反应单元组成，通常置于地下水污染羽状体的下游，与地下水流相垂直。PRB 的填充介质比含水层的渗透性更大一些，以利于污染地下水的流入，并不会明显改变地下水的流场。可渗透性反应墙一般设置在含水层中，垂直于地下水流方向，当地下水流在自身水力梯度作用下通过反应墙时，污染物与墙体材料反应而被去除，从而达到修复污染的目的。其修复效果受到污染物类型、地下水流速、其他水文地质条件等因素的影响。相对于抽出处理等传统方法，可渗透反应墙具有能持续原位处理污染物，可同时处理多种污染物以及性价比相对较高等优点。但可渗透反应墙存在易被堵塞、破坏地下水的氧化还原电位等天然环境条件、工程措施及运行维护相对复杂等不足，加上双金属系统、纳米技术成本较高，这些因素阻碍了可渗透反应墙的进一步发展及大力推广。

（3）化学氧化还原技术

化学氧化还原技术通过采用渗透格栅控制氧化剂或还原剂的释放形式，可以使这些地球化学变化或其他感观指标的变化对直接处理区以外的地方的影响减至最小。由于注入井数量有限和水力传导系数分布的问题，通过水相注入系统控制氧化剂或还原剂的用量非常困难。无论是采用渗透格栅还是水相注入，都要对含水层的性质、地球化学变化的可逆性（如溶解作用、解吸作用、pH 值变化）、污染物的分布和通量进行详细的评价，以设计出有效的原位处理系统。常用的氧化剂包括二氧化氯、次氯酸钠或次氯酸钙、过氧化氢、过硫酸盐、高锰酸钾和臭氧等。常用的还原剂包括零价铁、双金属还原、连二亚硫酸钠、多硫化钙等。

根据污染物的不同可采用不同的氧化/还原剂。例如,二氧化氯可以气体形式注入污染区,氧化其中的有机污染物,在反应过程中几乎不生成致癌的三氯甲烷和挥发性有机氯。以水溶液的形式向地下水中添加高锰酸钾,可去除三氯乙烯、四氯乙烯等含氯溶剂,对烯烃、酚类、硫化物和甲基叔丁基醚(MTBE)等污染物也较为有效。臭氧以气体形式通过注射井进入污染区,可氧化大分子及多环类有机污染物,也可氧化分解柴油、汽油、含氨溶剂等。

化学氧化还原法指采用不同的氧化剂(如臭氧、过氧化氢、高锰酸盐、二氧化氯、过硫酸盐、Fenton 试剂等)并用不同的方法(如利用竖直喷枪使过氧化氢渗入、利用竖直或水平的地下井将高锰酸盐注入、利用水力压裂在反应区放置高锰酸盐固体等)将氧化剂混入土壤,使氧化剂与污染物发生反应从而修复污染的技术。目前,研究比较多的是原位高锰酸盐化学氧化修复和原位过氧化氢化学氧化修复。高锰酸盐可以用于氯代溶剂(如 TCE)和石油化学品的就地处理。过氧化氢在一定的催化剂(如 Fe^{2+} 以及其他氧化剂)作用下产生氧化能力更强的羟基自由基(·OH)。铁催化氧化过氧化氢有两种类型:① Fenton 氧化,利用溶解铁(如 Fe^{2+})为催化剂;② 类 Fenton 氧化,利用铁的氢氧化物为催化剂。能否将 H_2O_2 输送到污染区域是 Fenton 氧化和类 Fenton 氧化技术现场应用的关键问题之一。

6.2.2.2　地下水污染异位修复技术——抽出处理技术

抽出处理技术即捕捉地下的污染羽水体并将其抽出至地面,采用各种处理技术将水净化后使用或重新输入地下。早期的地下水修复主要采用抽出处理法,该方法的关键在于井群系统的布置,井群系统要能高效地控制地下污染水体的流动,而受污染水体抽出地面后的处理方法则与常规的水处理方法一致,包括:物理法(吸附法、反渗透法、气浮法等)、化学法(混凝沉淀法、氧化还原法等)以及生物法(活性污泥法、生物膜法等)。处理过的地下水大部分回注地层。

由于液体的物理化学性质各不相同,抽出处理技术只对有机污染物中的轻非水相液体去除效果明显,而对于重非水相液体来说,治理耗时长而且效果不明显。抽出处理技术所需的动力消耗、设备运行和维护费用极大。除此之外,为防止地下水大量抽出造成地面下沉,还需要采用倒灌技术,更是增加了处理成本。目前,原位修复技术正逐步取代抽出处理技术而成为污染地下水修复的研究热点。

抽出处理技术在应用时需要构筑一定数量的抽水井(必要时需构筑注水井)和相应的地表污染处理系统。抽水井一般位于污染羽状体中(水力坡度小时)或羽状体下游(水力坡度大时),利用抽水井将污染地下水抽出地表,采用地表处理系统将抽出的污水进行深度处理。因此,抽出处理技术既可以是物化-生物修复技术的联合,也可以是不同物化技术的联合,这主要取决于后续处理技术的选择,而后续处理技术的选择应用则受到污染物特征、修复目标、资金投入等多方面的制约。利用抽取处理技术净化污染地下水,需注意:此技术工程费用较高,且由于地下水的抽提或回灌,影响治理区及周边地区的地下水动态;若不封闭污染源,当工程停止运行时,将出现严重的拖尾和污染物浓度升高的现象;此技术需要持续的能量供给,以确保地下水的抽出和水处理系统的运行,还要求对系统进行定期维护与监测。抽取处理技术可使地下水的污染水平迅速降低,但由于水文地质条件的复杂性以及有机污染物与含水层物质的吸附/解吸反应的影响,在短时间内很难使地下水中有机物含量达到环境风险可接受水平。另外,由于水位下降,在一定程度上可加强包气带中所吸附有机污染物的好氧生物降解。多相抽提技术(MPE)最适于处理易挥发、易流动的污染物。MPE 技术主要用于处理挥发性有机物造成的污染,如石油烃类(苯系物、汽油、柴油等)、有机溶剂类(如三氯乙烯、四氯乙烯),同时可以激发土壤包气带污染物的好氧生物降解。

抽出处理技术主要用于去除地下水中溶解的有机污染物和浮于潜水面上的油类污染物。抽出处理技术对于低渗透性的黏性土层和低溶解度、高吸附性的污染物的去除效果不理想,通常需借助表面活性剂增强污染物的溶解性能,从而强化抽出处理的速度。污染地下水中存在 NAPLs 类物质时,由于毛细作用使其滞留在含水介质中,会明显降低抽出处理技术的修复效率。

抽出处理法是治理地下水有机污染的常规方法,也是目前应用最普遍的去污手段。根据部分有机物密度小、易浮于地下水面的特点,抽取含水层中地下水面附近的地下水,从而把水中的有机污染物带回地表,然后用地表污水处理技术净化抽出的水。为了防止大量抽水导致的地面沉降或海水入侵,还需把处理后的水返注入地下。由于地下水系统的复杂性和污染物在地下的复杂行为,传统的泵抽回灌处理法常出现拖尾和反弹现象,导致净化时间长、处理费用高,而且它只对轻非水相液体(LNAPLs)污染物有较好的去除效果。表面活性剂增效修复技术是利用表面活性剂溶液对憎水性有机污染物的增溶作用和增流作用,来驱替地下含水层中的 NAPLs,再经过进一步处理,达到修复环境的目的。修复效率与表面活性剂胶团结构、有机物疏水性强弱、工程技术条件等因素有关。所使用的表面活性剂有阴离子表面活性剂、非离子表面活性剂等。但应该注意的是,虽然表面活性剂容易降解,但是部分残留在地下环境中的表面活性剂的降解产物仍具有潜在的危害性。

6.2.3　土壤与地下水污染修复与风险管控

6.2.3.1　土壤修复和风险管控技术

（1）地块土壤污染状况调查监测

地块土壤污染状况调查和土壤污染风险评估过程中的环境监测，主要工作是采用监测手段识别土壤、地下水、地表水、环境空气、残余废弃物中的关注污染物及水文地质特征，并全面分析、确定地块的污染物种类、污染程度和污染范围。

（2）地块治理修复监测

地块治理修复过程中的环境监测工作主要是针对各项治理修复技术措施的实施效果所开展的相关监测，包括治理修复过程中涉及环境保护的工程质量监测和二次污染物排放监测。

（3）地块修复效果评估监测

对地块治理修复工程完成后的环境监测，主要工作是考核和评价治理修复后的地块是否达到已确定的修复目标及工程设计所提出的相关要求。

（4）地块回顾性评估监测

地块经过修复效果评估后，在特定的时间范围内，为评价治理修复后地块对土壤、地下水、地表水及环境空气的影响所进行的环境监测，同时也包括针对地块长期原位治理修复工程措施的效果开展验证性的环境监测。

6.2.3.2　地下水修复和风险管控技术

（1）选择地下水修复和风险管控模式

确认地块条件，更新地块概念模型。根据地下水使用功能、风险可接受水平，经修复技术经济评估，提出地下水修复和风险管控目标。确认对地下水修复和风险管控的要求，结合地块水文地质条件、污染特征、修复和风险管控目标等，明确污染地块地下水修复和风险管控的总体思路。

（2）筛选地下水修复和风险管控技术

根据污染地块的具体情况，按照确定的修复和风险管控模式，初步筛选地下水修复和风险管控技术。通过实验室小试、现场中试和模拟分析等，从技术成熟度、适用条件、效果、成本、时间和环境风险等方面确定适宜的修复和风险管控技术。

（3）制定地下水修复和风险管控技术方案

根据确定的修复和风险管控技术，采用一种及以上技术进行优化组合集成，制定技术路线,确定地下水修复和风险管控技术工艺参数,估算工程量、费用和周期,形成备选技术方案。从技术指标、工程费用、环境及健康安全等方面比较备选技术方案,确定最优技术方案。

(4)地下水修复和风险管控工程设计及施工

根据确定的修复和风险管控技术方案,开展修复和风险管控工程设计及施工。工程设计根据工作开展阶段划分为初步设计和施工图设计,根据专业划分为工艺和辅助专业设计。工程施工宜包括施工准备、施工过程,施工过程中应同时开展环境管理。

(5)地下水修复和风险管控工程运行及监测

地下水修复和风险管控工程施工完成后,开展工程运行维护、运行监测、趋势预测和运行状况分析等。工程运行中应同时开展运行监测,对地下水修复和风险管控工程运行监测数据进行趋势预测。根据地下水监测数据及趋势预测结果开展工程运行状况分析,判断地下水修复和风险管控工程的目标可达性。

(6)地下水修复和风险管控效果评估

制定地下水修复和风险管控效果评估布点和采样方案,评估修复是否达到修复目标,评估风险管控是否达到工程性能指标和污染物指标要求。

对于地下水修复效果,当每口监测井中地下水检测指标持续稳定达标时,可判断达到修复效果。若未达到评估标准但判断地下水已达到修复极限,可在实施风险管控措施的前提下,对残留污染物进行风险评估。若地块残留污染物对受体和环境的风险可接受,则认为达到修复效果;若风险不可接受,需对风险管控措施进行优化或提出新的风险管控措施。对于风险管控效果,若工程性能指标和污染物指标均达到评估标准,则判断风险管控达到预期效果,可对风险管控措施继续开展运行与维护;若工程性能指标或污染物指标未达到评估标准,则判断风险管控未达到预期效果,应对风险管控措施进行优化或调整。

(7)后期环境监管

根据修复和风险管控工程实施情况与效果评估结论,提出后期环境监管要求。

6.3 生态环境损害修复效果评估与验收

污染场地修复验收是在污染场地修复完成后,对场地内土壤和地下水进行调查和评价的过程,主要是通过文件审核、现场勘察、现场采样和检测分析等进行场地修复效果评估,以判断是否达到验收标准。若需开展后期管理,还应评估后期管理计划的合理性及落实程度。在场地修复验收合格后,场地方可进入再利用开发程序,必要时需按后期管理计划进行长期监测和后期风险管理。

污染场地修复验收工作内容包括场地土壤和地下水清理情况验收、场地土壤和地下水修复情况验收,必要时还包括后期管理计划合理性及落实程度评估。后期管理是按照后期管理计划开展包括设备及工程的长期运行与维护、长期监测、长期存档与报告等制度、定期和不定期的回顾性检查等活动的过程。污染场地修复效果评估与验收工作程序见图 6.1。

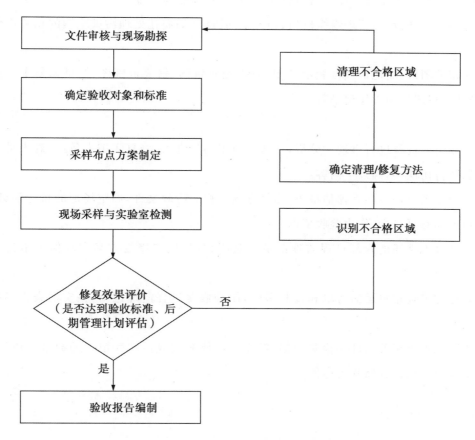

图 6.1　污染场地修复效果评估与验收工作程序

6.3.1　文件审核与现场勘探

6.3.1.1　文件审核

(1)审核资料范围

在验收工作开展之前,应收集与场地环境污染和修复相关的资料,主要包括:

①场地环境调查评估及修复方案相关文件:场地环境调查评估报告书及其备案意

见、场地修复方案及其备案意见、其他相关资料。

②场地修复工程资料：修复过程的原始记录、修复实施过程的记录文件(如污染土壤清挖和运输记录)、回填土运输记录、修复设施运行记录、二次污染物排放记录、修复工程竣工报告等。

③工程及环境监理文件：工程及环境监理记录和监理报告。

④其他文件：环境管理组织机构、相关合同协议(如委托处理污染土壤的相关文件和合同)等。

⑤相关图件：场地地理位置示意图、总平面布置图、修复范围图、污染修复工艺流程图、修复过程照片和影像记录等。

(2)审核内容

对收集的资料进行整理和分析，并通过与现场负责人、修复实施人员、监理人员等相关人员进行访谈，明确以下内容：

①根据场地环境调查评估报告、修复方案及相关行政文件，确定场地的目标污染物、修复范围和修复目标，作为验收依据。

②通过审查场地修复过程监理记录和监测数据，核实修复方案和环保措施的落实情况。

③通过审查相关运输清单和接收函件，结合修复过程监理记录，核实污染土壤的数量和去向。

④通过审查相关文件和检测数据，核实异位修复完成后的回填土的数量和质量，回填土土壤质量应达到修复目标值。

6.3.1.2 现场勘探

现场勘探是验收的重要工作程序之一，污染场地修复验收现场勘探主要包括核定修复范围和识别现场遗留污染痕迹。

(1)核定修复范围

根据场地环境调查评估报告中的钉桩资料或地理坐标等，结合修复过程工程监理与环境监理出具的相关报告，确定场地修复范围和深度，核实修复范围是否符合场地修复方案的要求。

(2)识别现场遗留污染痕迹

对场地表层土壤及侧面裸露土壤状况、遗留物品等进行观察和判断，可使用便携式测试仪器进行现场测试，辅以目视、闻嗅等方法，识别现场遗留污染痕迹。

6.3.2　确定验收对象和标准

污染场地修复验收的对象主要包括以下几项内容,针对不同的验收对象应建立可测的验收标准。

(1)场地内部清挖污染土壤后遗留的基坑

验收时须对基坑遗留土壤进行采样检测,分析修复区域是否还存在污染。验收指标为场地修复的目标污染物,验收标准为场地土壤修复目标值。

(2)原位修复后的土壤和地下水

验收指标为场地修复的目标污染物,验收标准为场地污染物修复目标值。

(3)异位修复治理后的土壤和地下水

应针对不同类型的修复技术开展验收工作。

对于以降低或消除污染物浓度为目的的修复技术(如土壤淋洗、土壤气相抽提、热脱附、空气注射等),验收指标为修复介质中目标污染物的浓度;对于化学氧化、生物降解等还应考虑可能产生的有毒有害中间产物;对于降低迁移性或毒性的修复技术(如固化稳定化),验收指标为目标污染物的浸出限值。

异位修复的验收标准根据土壤的最终去向和未来用途确定:①若回填到本场地,验收标准为场地土壤修复目标值;②若外运到其他地方,以土壤中污染物浓度不对未来受体和周围环境产生风险影响为验收标准。必要时须根据目的地实际情况进行风险评估,确定外运土壤的验收标准。

抽出处理的地下水,若修复后排放到市政管道,应符合相关的排放标准;若修复后回灌到本场地,应达到本场地地下水修复目标值。

(4)修复过程可能产生的二次污染区域

二次污染区域包括污染土临时储存和处理区域,设施拆除过程的遗撒区域,修复技术应用过程造成可能的污染扩散区域。验收指标为场地调查及二次污染的特征污染物,验收标准为场地污染物修复目标值。

(5)工程控制设施

对于切断污染途径的工程控制技术,验收指标一般为各种工程指标,如阻隔层厚度和渗透系数等。

6.3.3 采样布点方案制定

采样布点方案应包括采样介质、采样区域、采样点位、采样深度、采样数量、检测项目等内容。采样布点要求:应根据目标污染物、修复目标值的不同情况在场地修复范围内进行分区采样;采样点的位置和深度应覆盖场地修复范围及其边缘;场地环境调查评估确定的污染最重区域,必须进行采样。

6.3.3.1 土壤采样布点要求

(1)土壤修复效果评估布点

①基坑清理效果评估布点

a.评估对象:基坑清理效果评估对象为地块修复方案中确定的基坑。

b.采样节点:污染土壤清理后遗留的基坑底部与侧壁,应在基坑清理之后、回填之前进行采样。若基坑侧壁采用基础围护,则宜在基坑清理的同时进行基坑侧壁采样或于基础围护实施后在围护设施外边缘采样。可根据工程进度对基坑进行分批次采样。

c.布点数量与位置:基坑底部和侧壁推荐最少采样点数量见表6.2。

表 6.2 基坑底部和侧壁推荐最少采样点数量

基坑面积 x/m^2	基坑底部采样点数量/个	基坑侧壁采样点数量/个
$x<100$	2	4
$100 \leqslant x<1000$	3	5
$1000 \leqslant x<1500$	4	6
$1500 \leqslant x<2500$	5	7
$2500 \leqslant x<5000$	6	8
$5000 \leqslant x<7500$	7	9
$7500 \leqslant x<12500$	8	10
$x \geqslant 12500$	网格大小不超过 40 m×40 m	采样点间隔不超过 40 m

基坑底部采用系统布点法,基坑侧壁采用等距离布点法,布点位置参见图 6.2。

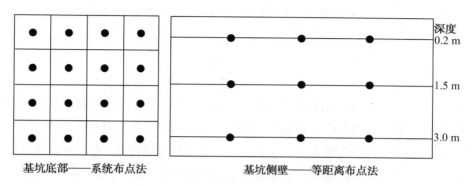

图 6.2 基坑底部和侧壁布点示意图

当基坑深度大于 1 m 时,侧壁应进行垂向分层采样,应考虑地块土层性质与污染垂向分布特征,在污染物易富集位置设置采样点,各层采样点之间垂向距离不大于 3 m,具体根据实际情况确定。基坑坑底和侧壁的样品以去除杂质后的土壤表层样为主(0～20 cm),不排除深层采样。对于重金属和半挥发性有机物,在一个采样网格和间隔内可采集混合样。

②土壤异位修复效果评估布点

a.评估对象:异位修复后土壤修复效果评估的对象为异位修复后的土壤堆体。

b.采样节点:异位修复后的土壤应在修复完成后、再利用之前采样。按照堆体模式进行异位修复的土壤,宜在堆体拆除之前进行采样。异位修复后的土壤堆体,可根据修复进度进行分批次采样。

c.布点数量与位置:修复后土壤原则上每个采样单元(每个样品代表的土方量)不应超过 500 m³,也可根据修复后土壤中污染物浓度分布特征参数计算修复差变系数。根据不同差变系数查询计算对应的推荐采样点数量(见表 6.3)。

表 6.3　修复后土壤最少采样点数量

差变系数	采样单元大小/m³
0.05～0.20	100
0.20～0.40	300
0.40～0.60	500
0.60～0.80	800
0.80～1.00	1000

差变系数指的是"修复后地块污染物平均浓度与修复目标值的差异"与"估计标准差"的比值,用 τ 表示。差异越大、估计标准差越小,则差变系数越大,所需样本量越小。计算方法如下:

$$\tau = \frac{C_s - \mu_1}{\sigma} \tag{6.1}$$

式中,C_s 为修复目标值;μ_1 为估计的总体均值,通常用已有样品的均值来估算;σ 为估计标准差,根据前期资料和先验知识估计或计算。具体如下:从修复中试试验或其他先验数据中选择简单随机样本,样本量不少于 20 个,确定样本的浓度;若不是简单随机样本,则样本点应覆盖整个区域、能够代表采样区;若样本量少于 20 个,应补充样本量或采用其他的统计分析方法进行计算;计算样本的标准差,作为估计标准差。

对于按批次处理的修复技术,在符合前述要求的同时,每批次至少采集 1 个样品。

对于按照堆体模式处理的修复技术,若在堆体拆除前采样,在符合前述要求的同时,应结合堆体大小设置采样点,推荐采样点数量参见表 6.4。

表 6.4　堆体模式修复后土壤最少采样点数量

堆体体积/m^3	采样单元数量/个
<100	1
100~300	2
300~500	3
500~1000	4
≥1000 时,每增加 500	增加 1 个

修复后土壤一般采用系统布点法设置采样点,同时应考虑修复效果空间差异,在修复效果薄弱区增设采样点。重金属和半挥发性有机物可在采样单元内采集混合样。修复后土壤堆体的高度应便于修复效果评估采样工作的开展。

③土壤原位修复效果评估布点

a.评估对象:土壤原位修复效果评估的对象为原位修复后的土壤。

b.采样节点:原位修复后的土壤应在修复完成后进行采样。原位修复的土壤可按照修复进度、修复设施设置等情况分区域采样。

c.布点数量与位置:原位修复后的土壤水平方向上采用系统布点法,推荐采样数量参照表 6.2。

原位修复后的土壤垂直方向上采样深度应不小于调查评估确定的污染深度以及修

复可能造成污染物迁移的深度。根据土层性质设置采样点,原则上垂向采样点之间距离不大于 3 m,具体根据实际情况确定。

应结合地块污染分布、土壤性质、修复设施设置等,在高浓度污染物聚集区、修复效果薄弱区、修复范围边界处等位置增设采样点。

④土壤修复二次污染区域布点

a.评估范围:土壤修复效果评估范围应包括修复过程中的潜在二次污染区域。

潜在二次污染区域包括:污染土壤暂存区、修复设施所在区、固体废物或危险废物堆存区、运输车辆临时道路、土壤或地下水待检区、废水暂存处理区、修复过程中污染物迁移涉及的区域、其他可能的二次污染区域。

b.采样节点:潜在二次污染区域土壤应在此区域开发使用之前进行采样。可根据工程进度对潜在二次污染区域进行分批次采样。

c.布点数量与位置:潜在二次污染区域土壤原则上根据修复设施设置、潜在二次污染来源等资料判断布点,也可采用系统布点法设置采样点,采样点数量参照表 6.2。潜在二次污染区域样品以去除杂质后的土壤表层样为主(0～20 cm),不排除深层采样。

(2)风险管控效果评估布点

风险管控包括固化/稳定化、封顶、阻隔填埋、地下水阻隔墙、可渗透反应墙等管控措施。

①采样周期和频次

a.风险管控效果评估的目的是评估工程措施是否有效,一般在工程设施完工 1 年内开展。

b.工程性能指标应按照工程实施评估周期和频次进行评估。

c.污染物指标应采集 4 个批次的数据,建议每个季度采样一次。

②布点数量与位置

需结合风险管控措施的布置,在风险管控范围上游、内部、下游,以及可能涉及的潜在二次污染区域设置地下水监测井。可充分利用地块调查评估与修复实施等阶段设置的监测井,现有监测井须符合修复效果评估采样条件。

③检测指标

基坑土壤的检测指标一般为对应修复范围内土壤中的目标污染物。存在相邻基坑时,应考虑相邻基坑土壤中的目标污染物。

异位修复后土壤的检测指标为修复方案中确定的目标污染物,若外运到其他地块,还应根据接收地环境要求增加检测指标。

原位修复后土壤的检测指标为修复方案中确定的目标污染物。

化学氧化/还原修复、微生物修复后土壤的检测指标应包括产生的二次污染物,原则上二次污染物指标应根据修复方案中的可行性分析结果确定。

风险管控效果评估指标包括工程性能指标和污染物指标。工程性能指标包括抗压强度、渗透性能、阻隔性能、工程设施连续性与完整性等,污染物指标包括关注污染物浓度、浸出浓度、土壤气、室内空气等。

必要时可增加土壤理化指标、修复设施运行参数等作为土壤修复效果评估的依据,可增加地下水水位、地下水流速、地球化学参数等作为风险管控效果的辅助判断依据。

风险管控与修复效果评估现场采样与实验室检测按照《建设用地土壤污染状况调查技术导则》(HJ 25.1—2019)和《建设用地土壤污染风险管控和修复监测技术导则》(HJ 25.2—2019)的规定执行。

6.3.3.2 地下水采样布点要求

依据地下水流向及污染区域地理位置设置地下水监测井,修复范围上游地下水采样点不少于 1 个,修复范围内采样点不少于 3 个,修复范围下游采样点不少于 2 个。原则上监测井布设在地下水环境调查确定的污染最严重的区域,或者根据不同类型的修复(防控)工程进行合理布设。

由于地下水监测井建井较为烦琐,并有可能对地下水造成扰动,因此规定原则上可以利用场地环境调查评估和修复时的监测井,但原监测井的使用数量不应超过验收时监测井总数的 60%。通过验收前,被验收方应尽量保持场地环境调查评估和修复过程中使用的地下水监测井完好。

6.3.4 现场采样与实验室检测

土壤样品和地下水样品的采样方法、现场质量控制、现场质量保证、样品的保存与运输方法、样品分析方法、实验室质量控制,现场人员防护和现场污染应急处理等参见《场地环境调查技术导则》(HJ 25.1—2014)和《场地环境监测技术导则》(HJ 25.2—2014)阶段现场采样。对于非挥发性有机物,可采集少量土壤混合样。

验收项目检测方法的检测限应低于修复目标值。实验室检测报告内容应包括检测条件、检测仪器、检测方法、检测结果、检测限、质量控制结果等。

6.3.5　风险管控与修复效果评估

修复验收时,除了进行严密的采样和实验室检测之外,还需要对检测数据进行科学合理的分析,确定场地污染物是否达到验收标准,以判定场地是否达到修复效果要求。若达不到修复效果要求,需要给出继续清理或修复建议。若场地需开展后期管理,还应评估后期管理计划的合理性及落实程度。

6.3.5.1　修复效果评估

(1)土壤修复效果评估标准值

基坑土壤评估标准值为地块调查评估、修复方案或实施方案中确定的修复目标值。

异位修复后土壤的评估标准值应根据其最终去向确定:

①若修复后土壤回填到原基坑,评估标准值为调查评估、修复方案或实施方案中确定的目标污染物的修复目标值。

②若修复后土壤外运到其他地块,应根据接收地土壤暴露情景进行风险评估确定评估标准值,或采用接收地土壤背景浓度与《土壤环境质量　建设用地土壤污染风险管控标准(试行)》(GB 36600—2018)中接收地用地性质对应筛选值的较高者作为评估标准值,并确保接收地的地下水和环境安全。

原位修复后土壤的评估标准值为地块调查评估、修复方案或实施方案中确定的修复目标值。

化学氧化/还原修复、微生物修复潜在二次污染物的评估标准值可参照 GB 36600—2018 中一类用地筛选值执行,或根据暴露情景进行风险评估确定其评估标准值。

(2)土壤修复效果评估方法

可采用逐一对比和统计分析的方法进行土壤修复效果评估。

当样品数量<8 个时,应将样品检测值与修复效果评估标准值逐个对比:①若样品检测值低于或等于修复效果评估标准值,则认为达到修复效果;②若样品检测值高于修复效果评估标准值,则认为未达到修复效果。

当样品数量≥8 个时,可采用统计分析方法进行修复效果评估。一般采用样品均值的 95% 置信上限与修复效果评估标准值进行比较,下述条件全部符合方可认为地块达到修复效果:①样品均值的 95% 置信上限小于等于修复效果评估标准值;②样品浓度最大值不超过修复效果评估标准值的 2 倍。

若采用逐个对比方法,当同一污染物平行样数量≥4 组时,可结合 t 检验分析采样和检测过程中的误差,确定检测值与修复效果评估标准值的差异:①若各样品的检测值显著低于修复效果评估标准值或与修复效果评估标准值差异不显著,则认为该地块达到修复效果;②若某样品的检测结果显著高于修复效果评估标准值,则认为该地块未达到修复效果。

t 检验是判定给定的常数是否与变量均值之间存在显著差异的最常用的方法。假设一组样本,样本数为 n,样本均值为 $\overline{x}$,样本标准差为 S,利用 t 检验判定某一给定值 μ_0 是否与样本均值 $\overline{x}$ 存在显著差异,步骤为:

①确定显著水平 α,常用 $\alpha=0.05$,$\alpha=0.01$;

②计算检验统计量 $t=\dfrac{\overline{x}-\mu_0}{S/\sqrt{n}}$;

③根据 df(自由度)$=n-1$,已知 α,查 t 分布临界值表,确定临界值 $C=t_{\frac{\alpha}{2}}(n-1)$,例如 $n=8$,$\alpha=0.05$,则 $t=2.365$;

④统计推断:若 $|t|>C$,即 $\mu_0>\overline{x}+C\cdot\dfrac{S}{\sqrt{n}}$ 或 $\mu<x-C\cdot\dfrac{S}{\sqrt{n}}$,则与均值存在显著差异,且前者为显著大于均值,后者为显著小于均值;若 $|t|\leqslant C$,即 $\overline{x}-C\cdot\dfrac{S}{\sqrt{n}}\leqslant\mu_0\leqslant\overline{x}+C\cdot\dfrac{S}{\sqrt{n}}$,则与均值不存在显著差异。

原则上统计分析方法应在单个基坑或单个修复范围内分别进行。

对于低于报告限的数据,可用报告限数值进行统计分析。

(3)地下水修复效果评估标准值

修复后地下水的评估标准值为地块环境调查或修复技术方案中目标污染物的修复目标值。

若修复目标值有变,应结合修复工程实际情况与管理要求调整修复效果评估标准值。

化学氧化、化学还原、微生物修复产生的二次污染物的评估标准,原则上应根据修复技术方案中的可行性分析结果确定,也可参照《地下水质量标准》(GB/T 14848—2017)中地下水使用功能对应标准值执行,或根据暴露情景进行风险评估确定。

6.3.5.2　风险管控效果评估

(1)风险管控效果评估标准

风险管控工程性能指标应满足设计要求或不影响预期效果。

风险管控措施下游地下水中污染物浓度应持续下降,固化/稳定化后土壤中污染物的浸出浓度应达到接收地地下水用途对应标准值或不会对地下水造成危害。

　　(2)风险管控效果评估方法

　　若工程性能指标和污染物指标均达到评估标准,则判断风险管控达到预期效果,可对风险管控措施继续开展运行与维护。

　　若工程性能指标或污染物指标未达到评估标准,则判断风险管控未达到预期效果,须对风险管控措施进行优化或调整。

参考文献

[1] 张红振,曹东,於方,等. 环境损害评估:国际制度及对中国的启示[J]. 环境科学,2013(5):1653-1666.

[2] 李文杰. 以"生态法益"为中心的环境犯罪立法完善研究[D]. 长春:吉林大学,2015.

[3] 郑秀亮. 开启环境损害司法鉴定新征程[J]. 环境,2018(8):24-26.

[4] 孙来晶. 环境损害司法鉴定的发展与困境[J]. 法制与社会,2019(17):108-109.

[5] 路忻,李祥华,张清敏,等. 环境损害评估信息公开问题研究[J]. 科技经济导刊,2017(2):108.

[6] 蒋倩文. 推进生态文明建设,建立环境污染损害鉴定评估机制[J]. 湖南工业职业技术学院学报,2014,14(2):45-46.

[7] 赵卉卉,张永波,王明旭. 中国环境损害评估方法研究综述[J]. 环境科学与管理,2015,40(7):27-30.

[8] 蒋倩文. 环境污染损害鉴定评估机制研究[D]. 长沙:中南林业科技大学,2014.

[9] 蔡锋,李新宇,陈刚才,等. 次级河流水污染事件应急处置程序及环境损害评估技术路线[J]. 环境工程学报,2014,8(9):3658-3664.

[10] 刘驰. 环境损害评估制度研究[D]. 岳阳:湖南师范大学,2016.

[11] 陈其平,张艳,潘海婷,等. 美国环境污染损害鉴定评估监测对中国的启示[J]. 环境科学与管理,2018,43(10):5-8.

[12] 袁玲. 我国生态环境损害赔偿制度研究[D]. 杭州:杭州师范大学,2019.

[13] 张庆伟. 环境污染事故经济损失评估研究[D]. 重庆:重庆大学,2011.

[14] 张多,赵金成,曾以禹,等. 欧美污染类生态灾害损失评估实践经验及其对我国的启示[J]. 林业经济,2016,38(9):107-112.

[15] 於方,刘倩,齐霁,等. 借他山之石完善我国环境污染损害鉴定评估与赔偿制度[J]. 环境经济,2013(11):38-47.

[16] 邓林,李冰,王向华.国内外生态环境损害赔偿制度建立经验及启示[J].环境与发展,2017,29(10):22-23.

[17] 远丽辉.论环境损害司法鉴定机构的设立模式——以其公有性为视角[J].中国司法鉴定,2016(2):20-23.

[18] 吕忠梅,刘长兴.环境司法专门化与专业化创新发展:2017—2018年度观察[J].中国应用法学,2019(2):35.

[19] 曹锦秋,王兵.论我国环境损害鉴定评估主体法律制度的完善[J].辽宁大学学报(哲学社会科学版),2017(2):113-119.

[20] 刘乘凤.我国环境损害司法鉴定制度的检视与完善[D].济南:山东师范大学,2019.

[21] 赵梦晓.我国环境损害鉴定评估制度研究[D].武汉:武汉大学,2017.

[22] 熊彬,黄娟.谈生态环境损害赔偿的法理依据与制度抉择[J].才智,2018(12):226-227.

[23] 张帅.生态环境损害法律救济探析[J].法制与社会,2016(24):259-262.

[24] 何燕,李爱年.生态环境损害担责之民事责任认定[J].河北法学,2019,37(1):171-180.

[25] 程玉.论生态环境损害的可保性问题——兼评《环境污染强制责任保险管理办法(征求意见稿)》[J].保险研究,2018(5):99-112.

[26] 尚静.我国环境损害司法鉴定启动问题研究[D].合肥:安徽大学,2020.

[27] 侯雪璟.环境损害鉴定评估制度研究——以京津冀区域为例[D].保定:河北大学,2017.

[28] 刘伟龙.论我国环境应急管理的问题和对策——以紫金矿业污染案为例[D].兰州:兰州大学,2011.

[29] 蒲民,张娟,刘世伟,等.推动污染场地修复须先确定污染责任[J].环境保护,2012(2):25-27.

[30] 赵挺洁,赵巍岩,张宇,等.开展环境污染损害鉴定评估 促进经济发展方式转变[J].北方环境,2012(2):141-142.

[31] 梁剑琴.水资源司法问题亟需重视[J].环境经济,2012(Z1):70-75.

[32] 王晶.关于内蒙古自治区开展环境损害鉴定评估工作的思考[J].环境与发展,2015(6):104-107.

[33] 陆烽.环境监测在环境污染损害鉴定评估工作的作用浅谈[J].卷宗,2014(12):600.

[34] 王兴龙，葛鹏. 浅谈昆明市环境污染损害鉴定评估[J]. 环境科学导刊，2013，32(S1)：81-84.

[35] 游镇宇. 环境污染侵权损害额确定制度研究[D]. 重庆：西南政法大学，2014.

[36] 余俊，陈伯礼. 论专家证据在环境污染犯罪认定中的功能[J]. 广西社会科学，2014(7)：96-100.

[37] 刘忠生，王海波，王新，等. 汽油、喷气燃料、苯乙烯、甲醇等装车(船)挥发性有机物废气深度净化技术[J]. 石油炼制与化工，2018，49(7)：73-80.

[38] 沈鹏，毛玉如，李艳萍，等. 中国清洁生产标准进展研究[J]. 环境与可持续发展，2008(3)：19-21.

[39] 张晓萍. 石羊河流域排污权交易制度构建[D]. 兰州：兰州大学，2009.

[40] 黄雅楠，薛梦雨，姚泽生. 土壤污染状况的调查进展[J]. 安徽农学通报，2020，26(5)：13.

[41] 吴小刚. 我国污染地块环境管理现状及改善策略[J]. 区域治理，2019(48)：185-187.

[42] 袁芳沁. 我国建设用地修复现状及"十四五"发展趋势[J]. 能源与环境，2021(2)：104-106.

[43] 於方，张衍燊，徐伟攀.《生态环境损害鉴定评估技术指南 总纲》解读[J]. 环境保护，2016(20)：9-11.

[44] 程锡海. 生态环境损害赔偿范围研究[D]. 海口：海南大学，2018.

[45] 林雅静，姜双林. 农业生态环境损害鉴定程序保障[J]. 南方农机，2018，49(4)：5-6.

[46] 李昕桐. 环境污染及生态破坏导致的森林环境损害鉴定与评估方法[J]. 绿色科技，2020(10)：111-112.

[47] 孙雪妍. 环境损害司法鉴定程序研究[D]. 重庆：西南政法大学，2018.

[48] 马心宇，徐铁兵，马跃涛，等. 生态环境损害赔偿工作开展情况及对策思考[J]. 环境与发展，2019，31(6)：196,198.

[49] 王小钢. 生态环境修复和替代性修复的概念辨正——基于生态环境恢复的目标[J]. 南京工业大学学报(社会科学版)，2019，18(1)：35-43.

[50] 李欢欢，张雪琦，张永霖，等. 城市生态环境损害鉴定评估监测体系研究[J]. 生态学报，2019，39(17)：6469-6476.

[51] 王慧，樊华中. 检察机关公益诉讼调查核实权强制力保障研究[J]. 甘肃政法大学学报，2020(6)：115-123.

[52] 陈子方，管旭，李鹏飞，等.承压型地下水饮用水水源保护区划分技术要点及实例分析[J].环境保护，2019，47(19)：47-50.

[53] 崔春燕.上海：某啤酒厂土壤和地下水场地环境调查与风险评估[J].区域治理，2020，280(2)：19-21.

[54] 何雨.某工业企业遗留地块土壤和地下水污染状况初步调查研究[J].广东化工，2020，47(14)：257-259.

[55] 崔岩星.汽车制造企业场地土壤与地下水调查评估[J].绿色科技，2020(14)：187-189，192.

[56] 马进，陈忻，陈晓刚，等.国内外水环境中持久性有机污染物监测体系研究进展[J].广东化工，2020，47(13)：103，100.

[57] 邓晨.油田注水区地下水饮用水层现状监测分析[J].石油化工安全环保技术，2018，34(4)：48-54.

[58] 欧阳卓智，高良敏，邱浩然，等.潘北矿－580 m水平灰岩地下水质量现状及评价[J].华北科技学院学报，2015 (3)：25-28.

[59] 谢汉宾.以水鸟保育为目标的水稻田构建技术及效果评估[D].上海：华东师范大学，2017.

[60] 於方，赵丹，王膑，等.《生态环境损害鉴定评估技术指南 土壤与地下水》解读[J].环境保护，2019，47(5)：21-25.

[61] 梁增强，毛安琪，杨菁.生态环境损害鉴定评估技术难点探讨[J].环境与发展，2019，31(12)：241-242.

[62] 范兴龙.民法典背景下环境侵权因果关系认定的完善[J].法律适用，2020 (23)：11.

[63] 赵丹，於方，王膑.环境损害评估中修复方案的费用效益分析[J].环境保护科学，2016，42(6)：16-22.

[64] 廖振元.恢复成本法和虚拟治理成本法在土壤和地下水环境损害价值量化评估中的应用[J].化学工程与装备，2020，278(3)：271-274.

[65] 杨佳.水生态环境损害价值量化方法研究进展[J].绿色科技，2019(22)：103-105.

[66] 於方，张志宏，孙倩，等.生态环境损害鉴定评估技术方法体系的构建[J].环境保护，2020，48(24)：16-21.

[67] 鲁俊华.公益诉讼中环境损害赔偿数额确定之反思[J].中国检察官，2019 (12)：5.

[68] 孙来晶. 环境损害司法鉴定的发展与困境[J]. 法制与社会, 2019 (17): 100-101.

[69] 贾晓冉. 论生态环境损害的私法救济模式[D]. 南京: 南京大学, 2020.

[70] 贺思源. 环境侵害国家救济研究[D]. 武汉: 中南财经政法大学, 2018.

[71] 潘铁山, 万寅婧, 潘旻阳, 等. 瞬时源二维水质模型在环境损害评估中的应用初探——以长江中下游某市水源地污染事件为例[J]. 污染防治技术, 2016(1): 26-29.

[72] 牛坤玉, 於方, 张天柱, 等. 矿区地表水环境损害评估研究及案例应用[J]. 环境保护, 2016, 44(24): 62-68.

[73] 魏红, 邓小勇. 生态修复刑事司法判决样态实证分析——以清水江流域破坏环境资源保护罪司法惩治为例[J]. 贵州大学学报(社会科学版), 2020, 38(5): 13.

[74] 李兴宇. 论我国环境民事公益诉讼中的"赔偿损失"[J]. 政治与法律, 2016 (10): 15-27.

[75] 明智. 论我国生态损害赔偿制度之构建[D]. 南京: 南京大学, 2017.

[76] 曹建清. 直接市场法及其改进与应用研究[J]. 现代营销(学苑版), 2011(11): 283-284.

[77] 孙媛. 中国电煤可应用基准价格研究[D]. 上海: 复旦大学, 2008.

[78] 秦格, 朱学义, 王一舒. 论引资中的现金流量会计[J]. 财会通讯, 2009, (2): 7-9.

[79] 秦格, 任伟. 煤电企业的生态环境补偿成本研究[J]. 电力科技与环保, 2012, 28(3): 8-10.

[80] 韩素芸. 湖南省主要森林类型生态服务功能及价值评价[D]. 长沙: 中南林业科技大学, 2010.

[81] 朱晋峰. 环境损害司法鉴定管理及鉴定意见的形成、采信研究——以环境民事公益诉讼为对象的分析[D]. 南京: 南京师范大学, 2019.

[82] 冯俊, 孙东川. 资源环境价值评估方法述评[J]. 财会通讯, 2009(9): 138-139.

[83] 周芳. A 环保联合会诉 B 公司等环境公益纠纷案评析[D]. 长沙: 湖南大学, 2018.

[84] 苗翠翠. 基于效益转移方法的旅游资源价值评价研究[D]. 大连: 大连理工大学, 2009.

[85] 王芳. 海南橡胶树种质资源经济价值研究[D]. 海口: 海南大学, 2012.

[86] 金建君, 江冲. 选择试验模型法在耕地资源保护中的应用——以浙江省温岭市为例[J]. 自然资源学报, 2011, 26(10): 1750-1757.

[87] 陈伟. 生态环境损害额的司法确定[J]. 清华法学，2021，15(2)：52-70.

[88] 翁孙哲. 美国生态损害评估的司法审查及启示[J]. 中国司法鉴定，2018(6)：1-8.

[89] 韩学强. 名胜古迹保护检察民事公益诉讼相关问题探析[J].中国检察官，2020(22)：53-56.

[90] 陈红梅. 生态修复的法律界定及目标[J]. 暨南学报(哲学社会科学版)，2019，41(8)：55-65.

[91] 路忻，张清敏，李祥华，等. 某非法倾倒危险废物事件环境损害鉴定评估研究[J].环境保护与循环经济，2019，39(1)：84-87.

[92] 吴一冉. 生态环境损害赔偿诉讼中修复生态环境责任及其承担[J]. 法律适用，2019，438(21)：36-45.

[93] 赵伟. 环境民事公益诉讼中恢复原状的法律适用研究[D].重庆：西南政法大学，2018.

[94] 吕忠梅，窦海阳. 修复生态环境责任的实证解析[J].法学研究，2017，39(3)：125-142.

[95] 於方，张衍燊，齐霁，等. 环境损害鉴定评估关键技术问题探讨[J].中国司法鉴定，2016(1)：18-25.

[96] 刘画洁，王正一. 生态环境损害赔偿范围研究[J].南京大学学报(哲学·人文科学·社会科学)，2017，54(2)：30-35.

[97] 吴闲闲. 论我国海洋生态环境损害赔偿的范围[D].杭州：浙江大学，2019.

[98] 周信君，罗阳，张蓝澜. 基于生态环境损害的环境成本核算研究[J].商业会计，2019(19)：87-90.

[99] 洪小凡. 环境损害司法鉴定研究[D].福州：福州大学，2018.

[100] 余勤飞. 煤矿工业场地土壤污染评价及再利用研究[D].北京：中国地质大学，2014.

[101] 李霜梅. 有机污染物在土壤、原油污染土壤及污泥改良土壤中的吸附作用[D].乌鲁木齐：新疆大学，2010.

[102] 王贵. 植被类型与土壤生化性质及功能细菌的相互关系 [D]. 海口：海南师范大学，2013.

[103] 沈亚琴. 原油污染对土壤性能的影响及评价方法研究[D].乌鲁木齐：新疆大学，2012.

[104] 李园园. 矿粮复合区农田生态系统健康评价[D].焦作：河南理工大学，2011.

[105] 王军. 苯醚甲环唑土壤环境行为及其在柑橘中残留动态研究与安全性评价[D].合肥:安徽农业大学,2008.

[106] 谢锋. 被测物粒子尺寸效应与指标分析检测准确性的关联研究[D]. 北京:北京化工大学,2018.

[107] 林崇献.土壤与农业地质土壤[J].广西地质,2001,14(1):41-45.

[108] 孔会会. 极性界面的改性与表面性质研究[D]. 济南:山东师范大学,2009.

[109] 徐鹏.不同类型土壤中有机氯农药形态分布规律研究[D].北京:中国地质大学,2014.

[110] 徐长英,田叶,马征,等. 黄河淤背区济南段土地主要养分与理化性状浅析[J].山东农业科学,2011(11):56-59.

[111] 张一枫,窦森,叶淑芬. 里氏木霉利用玉米秸秆形成类胡敏酸(HAL)的特异性研究[J]. 农业环境科学学报,2019,38(9):2184-2192.

[112] 侯娟. 不同性质的污染物在沉积物分离组分上的吸附特征[D].昆明:昆明理工大学,2012.

[113] 陈元瑶. 秦岭地区两种蚂蚁巢内土壤理化性质和微生物多样性的研究[D]. 咸阳:西北农林科技大学,2011.

[114] 张锐. 基于离散元细观分析的土壤动态行为研究[J].长春:吉林大学,2005.

[115] 李艳花. 关中平原全新世土壤和土壤水环境研究[D]. 西安:陕西师范大学,2006.

[116] 陈敖敦格日乐. 施肥与耕作方式对农田土壤呼吸的影响 [D].呼和浩特:内蒙古农业大学,2008.

[117] 吕德方,王险峰,刘赞林,等.浅析调节土壤空气应注意的问题[J].现代化农业,2003,12(12):16.

[118] 徐景景.灌区包气带土壤中氮素转化的影响因素研究[D].西安:长安大学,2015.

[119] 秦萍,张俊华,孙兆军,等.土壤结构改良剂对重度碱化盐土的改良效果[J].土壤通报,2019,50(2):414-421.

[120] 史英红.试论土壤的功效及其施肥要点[J].农业科技与信息,2017(2):100-101.

[121] 王土金. 永安市耕地质量监测点肥力变化结果与分析[J].福建热作科技,2020(2):23-25.

[122] 魏巍.北方沙质土滨水绿地生态修复探讨——以西咸新区钓鱼台湿地公园规

划设计为例[J].中国园林,2017,33(3):92-97.

[123] 曹崇文.利用土壤传输函数确定入渗参数的方法研究[D].太原:太原理工大学,2007.

[124] 冯锦萍.用常规土壤物理参数确定入渗参数的方法研究[D].太原:太原理工大学,2003.

[125] 姚静林.广西北部湾经济区土地利用变化及其驱动力研究[D].桂林:广西师范学院,2012.

[126] 袁柯馨,孙荣,李玉,等.城市污泥中重金属形态及资源化可行性分析[J].华侨大学学报(自然科学版),2014(35):424-429.

[127] 田晓芳.不同类型土壤对有机酸还原六价铬影响作用研究[D].南京:南京农业大学,2009.

[128] 魏叶敏.GIS技术支持下的重庆土壤重金属元素污染评价[D].成都:成都理工大学,2009.

[129] 吴丽丽.区域尺度上栓皮栎叶性状变异特点及其与环境因子的关系[D].上海:上海交通大学,2011.

[130] 杨锐锋.基于BP神经网络的铁路大临工程水土保持及土地复垦研究[D].成都:西南交通大学,2009.

[131] 刘福香.大兴安岭地区天然落叶松—白桦混交林分树种直径分布研究[D].哈尔滨:东北林业大学,2013.

[132] 王立红,杨尚坤,张慧.济南市南部山区风景旅游区景观生态评价及对策研究[J].安徽农业科学,2011,39(25):15516-15517.

[133] 张爱民.解磷解钾特异菌株CX-7的筛选及其应用试验研究[D].保定:河北农业大学,2014.

[134] 王爽.应用近红外反射光谱技术对中国奶牛主产区常用粗饲料的品质分析[D].长春:吉林农业大学,2018.

[135] 王鹤智.东北林区林分生长动态模拟系统的研究[D].哈尔滨:东北林业大学,2012.

[136] 汪雪莹.东北地区土壤有机质含量分布情况分析[J].现代农业科学,2008,15(12):36-37.

[137] 宋小燕.松花江流域水沙演变及其对人类活动的响应[D].北京:中国科学院研究生院,2010.

[138] 杨华.甘肃省高等级公路生态建设的制约因素及对策[J].交通建设与管理,

2009(9)：122-124.

[139] 范桂银.浅谈土壤污染的防治措施[J].文科爱好者(教育教学版)，2011(6)：1.

[140] 王建军.浅议土壤污染的类型及特点[J].科学大众（科学教育），2014(9)：173.

[141] 夏家淇，骆永明.关于土壤污染的概念和3类评价指标的探讨[J].生态与农村环境学报，2006，22(1)：87-90.

[142] 夏家淇，骆永明.关于耕地土壤污染调查与评价的若干问题探讨[J].土壤，2006，38(5)：667-670.

[143] 黄玉梅.浅谈土壤污染与可持续农耕的发展[J].农业考古，2008(6)：349-351.

[144] 汪军英.上海快速城市化过程中地表水、大气和土壤环境质量的时空变迁研究[D].上海：华东师范大学，2007.

[145] 高翔云，汤志云，李建和,等.国内土壤环境污染现状与防治措施[J].环境保护，2006(4)：50-53.

[146] 王峪芬.土壤污染类型、危害及防治措施[J].河北农业，2014(9)：22-24.

[147] 戴春雷.大庆油污土壤复合植物系统修复技术研究[D].大庆：大庆石油学院，2010.

[148] 顾连军.铁岭农业区土壤中DDT残留模型研究及土壤修复[D].阜新：辽宁工程技术大学，2008.

[149] 何鹏.土壤污染现状危害及治理[J].吉林蔬菜，2012(9)：2.

[150] 李广森，雷振刚.耕地污染须法治[J].检察风云，2007(4)：27-29.

[151] 王玲玲.我国土壤污染与修复技术研究进展[J].北方环境，2020，32(3)：79-80,85.

[152] 吴冠岑.区域土地生态安全预警研究[D].南京：南京农业大学，2008.

[153] 董清雷.山西晋中盆地土壤重金属地球化学评价[J].华北国土资源，2004(6)：11-14.

[154] 王慧.美国杀虫剂规制的经验及其启示[J].中国农村经济，2008(9),72-79.

[155] 汪金英.我国土壤污染防治的立法保护[J].中国林业经济，2007(4)：24-26.

[156] 朱文霞，曹俊萍，何颖霞.土壤污染的危害与来源及防治[J].农技服务，2008，25(10)：135-136.

[157] 董善运.土壤污染源的成因、危害及防治对策[J].安徽农学通报，2007(6)：43-45.

[158] 肖庆涛，李同轩.值得重视的土壤污染问题[J].现代农业，2008(7)：19-20.

[159] 赵其国.珍惜和保护土壤资源:我们义不容辞的责任[J].科技导报,2016(34): 66-73.

[160] 邱成.浅议土壤污染及其防治[J].四川农业科技,2014(1):46-47.

[161] 刘鹤.螯合诱导修复技术中螯合剂污染效应研究[D].哈尔滨:东北林业大学,2010.

[162] 朱文霞,曹俊萍,何颖霞.土壤污染的危害与来源及防治[J].农技服务,2008 (10):135-136.

[163] 张丽娜.四氧化三铁激活过硫酸钠降解地下水中有机污染物的研究[D].长沙: 湖南大学,2018.

[164] 赵石磊.镭同位素示踪青海湖尕海地下水排放通量[D].西宁:青海师范大学,2015.

[165] 李培月.人类活动影响下的地下水环境及其研究的方法体系[J].南水北调与水利科技,2016(1):18-24.

[166] 王凯军.地下水环境健康预测方法研究[J].东北水利水电,2013,31(3): 33-35.

[167] 李培月.人类活动影响下地下水环境研究——以宁夏卫宁平原为例[D].西安: 长安大学,2014.

[168] 张艳.污染场地抽出—处理技术影响因素及优化方案研究[D].北京:中国地质大学,2010.

[169] 刘立伟.热泵耦合反季节储能技术研究[D].天津:天津大学,2008.

[170] 富一琳.铁路隧道施工期地下水排放对生态环境影响研究[D].北京:北京交通大学,2009.

[171] 吴剑云.西峰黄土剖面地层CBR值分布规律研究[D].西安:长安大学,2014.

[172] 张小军.基于《建筑与市政降水工程技术规范》的降水设计系统的研发[D].北京:中国地质大学,2006.

[173] 陈苏社.神东矿区井下采空区水库水资源循环利用关键技术研究[D].西安:西安科技大学,2016.

[174] 宋震.基于数字图像处理技术的岩石孔隙参数提取方法研究[D].南京:南京大学,2014.

[175] 赵阳.中深层地热取热系统及传热模型研究[D].邯郸:河北工程大学,2019.

[176] 刘鹏.公路隧道裂隙水涌突机制及处治对策研究[D].成都:成都理工大学,2014.

[177] 李忠.在建铁路隧道水砂混合物突涌灾害的形成机制、预报及防治[D].徐州：中国矿业大学，2009.

[178] 王芳.福建安溪一号井水位的同震阶变响应[D].北京：中国地震局地球物理研究所，2012.

[179] 赵丹，李宏强.冲孔灌注嵌岩桩在岩溶地区的应用[J].建筑知识：学术刊，2014.

[180] 杨竹转.地震引起的地下水位变化及其机理初步研究[D].北京：中国地震局地质研究所，2004.

[181] 宋享桦.济南市区岩质基坑稳定性分析及支护技术研究[D].济南：济南大学，2016.

[182] 彭秋然.水文地质工作对地质勘察的作用[J].建材与装饰，2016(29)：232-233.

[183] 章俊凯.减水剂的研究现状及发展[J].四川水泥，2016(4)：296.

[184] 魏日铭.探析水文地质在工程勘察中的重要性研究[J].四川水泥，2016(4)：283.

[185] 麻东文.矿山水文地质与水害防治[J].城市建设理论研究（电子版），2015(11)：1609-1610.

[186] 杨昊.无烟煤滤料在生物除铁除锰水厂的应用与研究[D].哈尔滨：哈尔滨工业大学，2007.

[187] 谢吉平.南方农村夏季以地下水为冷源的空调模式研究[D].衡阳：南华大学，2013.

[188] 张小宝.零价纳米铁去除地下水中 ReO_4^- 的研究[D].太原：太原科技大学，2011.

[189] 陈晓倩.CO_2 在盐水层扩散与运移实验研究[D].青岛：中国石油大学（华东），2013.

[190] 吕纯.谢一矿地下水化学特征及突水水源判别 Elman 神经网络模型[D].合肥：合肥工业大学，2009.

[191] 张秀云.基于 GIS 的丁集煤矿地下水水化学特征分析及突水水源快速判别[D].合肥：合肥工业大学，2014.

[192] 王燕河.有机污染物在包气带中迁移转化模型研究[D].吉林：吉林大学，2013.

[193] 梁锐，刘心怡，瓦西拉里.21 世纪淡水资源的可持续发展[J].中山大学研究生学刊（自然科学与医学版），2013(3)：91-99.

[194] 申林方.斜坡非饱和带典型低渗透岩石结构体风化前锋扩展机理及其岩体力

学效应[D].昆明:昆明理工大学,2007.

[195] 洪国华,梁会圃,王宏珍.包气带水研究方向浅议[J].地下水,2005,27(5):365-366.

[196] 廖媛.毛细水带反应性溶质运移实验研究[D].北京:中国地质大学,2013.

[197] 赵静.黑河流域陆地水循环模式及其对人类活动的响应研究[D].武汉:中国地质大学(武汉),2010.

[198] 范良千.海州露天矿排土场淋溶水对土壤及地下水污染规律研究[D].阜新:辽宁工程技术大学,2005.

[199] 刘天霸.三维水文地质建模及其可视化研究[D].北京:中国地质科学院,2007,

[200] 曾佳龙.矿山深部开采水力通风换热机动力源研究[D].长沙:中南大学,2014.

[201] 郭伟.山区库岸路基失稳机理与稳定性计算方法[D].重庆:重庆交通大学,2010.

[202] 曲军彪.高压富水地层深基坑开挖降水及其对周围地表和建筑物沉降影响的研究[D].北京:北京交通大学,2007,

[203] 张永冠.铁路盾构隧道双层衬砌力学行为研究[D].成都:西南交通大学,2010.

[204] 张渭军.水文地质结构三维建模与可视化研究[D].西安:长安大学,2011.

[205] 何晓壮.嘉兴市水资源调查及合理配置研究[D].常州:河海大学,2005.

[206] 陈刚,刘晰岚,严维.关于地下水常见分类方法的初步总结[J].科技视界,2012(29):197.

[207] 苗迎.神秘的地下水[J].中国矿业,2019,28(A2):517-519.

[208] 王小民.隧道沥青复合式路面结构力学特性及防排水体系优化[D].重庆:重庆大学,2007.

[209] 花中宝.潜水面的形状及其表示方法[J].科学技术创新,2013(28):225.

[210] 王春辉.探地雷达方法测量近地表含水量及污染物探测研究[D].长春:吉林大学,2007.

[211] 曹成立,孟秀敬.长春市浅层地下水动态监测分析[J].吉林水利,2010(6):58-61.

[212] 闫育锋.西安地裂缝附近潜水特征分析[D].西安:长安大学,2015.

[213] 程光锁,于学峰,杨斌,等.利用水系沉积物高程定量恢复古地貌的技术方法——以鲁西白彦地区白彦砾岩为例[J].山东国土资源,2019,35(9):61-73.

[214] 刘鹏,邱思忠.重庆红层地下水的赋存特征及供水研究[J].低碳世界,2013(15):95-96.

[215] 江巍峰.浅谈水资源中地下水的分类及特征[J].中国新技术新产品,2012(8):1.

[216] 花中宝.承压水的基本特征及埋藏条件[J].黑龙江科技信息,2013,24(24):184.

[217] 伊兴芳.关角隧道地下水排放量对围岩水环境影响的研究[D].兰州:兰州交通大学,2009.

[218] 陈吉森.连拱隧道地下水渗流场及防排水技术研究[D].常州:河海大学,2006.

[219] 贾自力.柴达木盆地花土沟油田压力系统分布特征及形成机理[D].北京:中国地质大学,2010.

[220] 许浩,汤达祯,张君峰,等.潜水面对储层压力的作用机制[J].煤田地质与勘探,2008(5):31-33.

[221] 赵振华,袁革新,陈剑杰,等.西北某放射性废物处置预选区水文地质条件分析[C].第九届全国工程地质大会论文集.2012:(353-357).

[222] 杨飞.加强地下水监测网点的监督监测[J].中国化工贸易,2012,4(9):167.

[223] 顾锦龙.阻断地下水污染刻不容缓[J].防灾博览,2013(2):10-13.

[224] 刘欣.浅谈地下水防治[J].才智,2009(16):268.

[225] 莫家斌.探讨我国城市水污染现状及其对策[J].科技资讯,2009(13):136.

[226] 狄效斌.浅析地下水污染研究[J].图书情报导刊,2008,18(22):131-133.

[227] 吕靓.有机碳对含水层中硝酸盐污染去除的环境功能试验研究[D].合肥:合肥工业大学,2009.

[228] 南海龙,邓鑫.浅析地下水污染及其防治措施[J].地下水,2013(2):41-42.

[229] 刘文娟.纳米 Ni-Fe 双金属对三氯乙烯的催化脱氯研究[D].北京:北京化工大学,2012.

[230] 吕书君.我国地下水污染分析[J].地下水,2009,31(1):1-5.

[231] 王玉和.浅论地下水污染[J].地下水,2004,26(4):294-196.

[232] 罗兰.我国地下水污染现状与防治对策研究[J].中国地质大学学报(社会科学版),2008(2):78-81.

[233] 耿艺成,周维博,史方方,等.西安市平原区地下水污染风险研究[J].环境工程,2020,38(5):8.

[234] 付强.河流污染对地下水的影响实验与模拟研究[D].西安:长安大学,2012.

[235] 张鑫.基于过程模拟法的地下水污染风险评估[D].长春:吉林大学,2014.

[236] 李晨桦,陈家玮.膨润土负载纳米铁去除地下水中六价铬研究[J].现代地质,

2012，26(5)：932-938.

[237] 缪玮.西南矿区地下水重金属污染风险评估研究[D].成都：西南石油大学，2017.

[238] 周亚楠.潜水质量安全评价研究——以西安市平原区为例[D].西安：长安大学，2012.

[239] 金鑫.典型化工类污染场地的调查诊断与生物毒性试验的应用研究[D].南京：南京农业大学，2008.

[240] 孙述海，李鹏飞.疑似污染场地土壤环境调查方法研究[J].吉林地质，2018，37(4)：67-70.

[241] 王盾.污染场地调查现状问题及对策研究[J].中国资源综合利用，2020，38(4)：3.

[242] 郭明达.建设用地土壤污染初步调查浅析[J].皮革制作与环保科技，2021，2(6)：150-152.

[243] 董仁君.《生活垃圾填埋场生态修复技术标准》编制及案例研究[D].武汉：华中科技大学，2019.

[244] 章蔷.污染场地调查及健康风险评估的研究[D].南京：南京师范大学，2014.

[245] 刘凯.人口密集区污染场地修复施工的难点分析[J].居舍，2018(20)：219.

[246] 童家琨，杨天森，汪晨星，等.土壤修复在场地环境中的运用创新[J].信息周刊，2018(8)：60-61.

[247] 钱建英.退役化工企业潜在污染场地第一、二阶段环境调查[J].能源环境保护，2015，29(6)：4.

[248] 任文会.某废弃化工厂场地污染物的分布与化学氧化修复技术研究[D].合肥：合肥工业大学，2016.

[249] 张军波，肖朝明，赵曦，等.深圳市工业搬迁企业遗留场地环境风险评估技术研究[J].广东化工，2014，41(15)：187-188.

[250] 李哲，郭迎涛，程紫华.土壤环境现状现场调查方法评析[J].环境影响评价，2019，041(5)：8-13.

[251] 李晓斌，潘泓甫，李东明.《场地环境调查技术导则》在调查实践中的应用[J].中国资源综合利用，2014，32(12)：46-48.

[252] 孙雅婕.我国城市工业废弃地生态修复与景观再生策略[J].天水师范学院学报，2017(5)：74-79.

[253] 郑晓笛.工业类棕地再生特征初探——兼论美国煤气厂公园污染治理过程[J].环境工程，2015(4)：156-160.

[254] 赵雅芳,李冠华,李军,等.第三方检测机构在污染场地修复管理中的重要作用和积极影响[J].环境研究与监测,2018,31(1):45-49.

[255] 边汉亮.基于电学热学参数的有机物污染场地工程特性评价方法研究[D].南京:东南大学,2017.

[256] 耿小库,张丽梅,吴强.某大型铜矿山污染场地环境调查方案浅析[J].低碳世界,2016(35):9-11.

[257] 谢腾蛟.铅酸蓄电池生产场地污染物——铅的分布特征及其修复对策[D].绵阳:西南科技大学,2018.

[258] 王瑶.土壤重金属环境风险评估和污染防治对策研究[D].西安:西北大学,2014.

[259] 张斌,陈辉,万正茂,等.污染场地环境调查现场采样技术现状及存在问题的探讨[J].工业安全与环保,2017,43(9):82-86.

[260] 王刚,张强,梅宝中,等.连云港市星海湖公园景观水水质现状评价与改良措施初探[J].污染防治技术,2021,34(1):24-29.

[261] 尹徐辉.乙基氯化物污染土壤的调查评价与修复[D].石家庄:河北科技大学,2014.

[262] 葛佳,刘振鸿,杨青,等.加油站的油品渗漏污染调查及健康风险评估[J].安全与环境学报,2013,13(2):97-101.

[263] 张辉,陈小华,付融冰,等.加油站渗漏污染快速调查方法及探地雷达的应用[J].物探与化探,2015(5):1041-1046.

[264] 欧阳婕.污染场地环境调查现状及存在问题探讨[J].环境与发展,2018(8):31-32.

[265] 高爱辉,张锐,何智,等.污染土环境修复挖运、储存、再利用施工技术[J].建筑技术开发,2017,44(16):87-90.

[266] 罗云.基于Topsis的污染场地土壤修复技术筛选方法及应用研究[D].上海:上海师范大学,2013.

[267] 葛晓阳.城市有机污染土壤评估体系研究[D].南京:南京师范大学,2011.

[268] 刘学瑞.污染场地现场调查与监测研究[J].决策探索(中),2020,648(4):93.

[269] 邵霞晖,陶伟良,许菲,等.污染场地环境调查的土壤监测点位布设策略探究[J].资源节约与环保,2016(6):135.

[270] 幸仁杭.疑似污染地块场地环境初步调查研究——以某关闭企业为例[J].世界有色金属,2020(23):192-193.

[271] 许杰龙.福建省土壤环境损害鉴定评估关键技术研究[J].厦门科技,2019(6):19-25.

[272] 李海波.污染场地环境水文地质勘察技术及运用研究[J].建筑技术开发,2020,47(23):96-97.

[273] 宋蓉.庆城废弃油田场地土壤环境质量与污染风险评估研究[D].西安:长安大学,2019.

[274] 陈辉,张广鑫,惠怀胜.污染场地环境调查的土壤监测点位布设方法初探[J].环境保护科学,2010(2):61-63,75.

[275] 张婧雯.典型煤化工企业污染场地特征污染物健康风险评估[D].太原:山西大学,2018.

[276] 杨虹,王柯菲.重金属污染场地土壤修复技术初探[J].环境保护与循环经济,2016(1):58-61.

[277] 冯建国.煤炭基地水污染及防治对策研究——以陕北煤炭基地为例[D].西安:长安大学,2007.

[278] 高月香,张毅敏,晁建颖,等.再生水农用区地下水基础环境状况调查与评估方法[J].生态与农村环境学报,2013,29(3):290-294.

[279] 张云龙.地下水典型污染源全过程监控及预警方法研究[D].成都:成都理工大学,2016.

[280] 严宇红,周政辉.国家地下水监测工程站网布设成果综述[J].水文,2017,37(5):74-78.

[281] 范瑞,周永章.污染场地现场调查与监测模式研究[J].生态经济,2015,31(2):27-30.

[282] 张建荣,陈春明,吴珉,等.水文地质调查在污染场地调查中的作用[J].环境监测管理与技术,2016(2):29-32.

[283] 王维琦.延吉市地下水资源评价及可持续利用研究[D].长春:吉林大学,2014.

[284] 马莉娟,付强,姚雅伟.我国环境监测方法标准体系的现状与发展构想[J].中国环境监测,2018,34(5):30-35.

[285] 邢艳允.河流附近浅、薄含水层中热能存储与运移规律研究[D].合肥:合肥工业大学,2012.

[286] 马敏泉.规范化监测是监测质量的保证——严格执行监测规范与环境监测质量周报制度[J].甘肃环境研究与监测,2000,13(3):154-156.

[287] 敖勤,许宝杰,李天剑,等.布氏硬度图像自动测量及其 Matlab 实现[J].北京

信息科技大学学报(自然科学版),2009(4):57-61.

[288] 周先国.新型纳米粉尘湿法采集装置的设计及采集研究[D].南京:南京理工大学,2009.

[289] 叶春松.量热仪精密度和准确度的统计检验[J].电力标准化与计量,1998(2):30-32.

[290] 李跃奇,王怀柏,林来照.刍议水质监测数据的"五性"[J].气象水文海洋仪器,2009(4):96-100.

[291] 于贝,顾昊.大坝安全监测的现状与发展趋势[J].自然科学(文摘版),2016(2):59.

[292] 高宇.在高中物理实验中应用误差知识提升实验分析能力的研究[D].福州:福建师范大学,2014.

[293] 冷荣艾.多场所实验室质量控制管理方法探讨[J].水利技术监督,2014,22(2):1-4.

[294] 吴斌.实物标样和能力验证在实验室质量控制中的应用[D].南京:南京理工大学,2011.

[295] 王鹏,周瑞静,宋炜,等.某加油站地下水基础环境调查及健康风险评估[J].城市地质,2018,13(1):80-86.

[296] 李法云,胡成,张营,等.沈阳市街道灰尘中重金属的环境影响与健康风险评估[J].气象与环境学报,2010,26(6):59-64.

[297] 唐秋萍,张毅,王伟.化工企业拆迁场地健康风险评估[J].环境监控与预警,2010(4):7-11.

[298] 李梦红.农田土壤重金属污染状况与评价[D].泰安:山东农业大学,2009.

[299] 郭海彦.浅谈土壤环境质量评价[J].科协论坛,2009(3):116-117.

[300] 李本昌.哈尔滨地区土壤环境质量评价及重点区土壤污染风险分析[D].哈尔滨:东北林业大学,2011.

[301] 沈志群,张琪,刘琳娟.无污染农产品对土壤铅环境质量标准要求的变化——个案研究[J].中国环境监测,2010(3):53-56.

[302] 郭海彦.湖南省洞庭湖区茶园土壤环境质量特征[D].长沙:湖南农业大学,2007.

[303] 刘勇.广西某矿区农用地土壤重金属含量分析与污染评价[D].桂林:广西师范学院,2012.

[304] 赵冬青.南京典型城郊菜地重金属的污染状况与防治对策[D].南京:南京林业

大学，2007.

[305] 赵爱霞，姜咏栋，王玉军,等.泰安市某蓄电池生产企业周围土壤重金属污染现状调查与分析[J].山东农业大学学报(自然科学版)，2013，44(2):185-189.

[306] 侯素霞，刘新铭，钟秦.模糊数学在丹河水环境综合评价中的应用[J].生态环境，2008，17(4):1411-1414.

[307] 沈寒.基于灰色系统理论的公路建设项目环境影响评价方法[D].长沙:长沙理工大学，2006.

[308] 潘怡.上海海域水质模糊综合评价及趋势预测研究[D].上海:上海交通大学，2008.

[309] 刘新铭.丹河流域水环境模糊评价与容量研究[D].南京:南京理工大学，2005.

[310] 张军.宝鸡市大气环境质量评价及变化趋势研究[D].西安:西安建筑科技大学，2008.

[311] 李梦红，张晓君，卢杰.模糊综合评价在农田重金属污染评价中的应用[J].西南农业学报，2010，23(5):1581-1585.

[312] 王介重.浚河上游平邑段地下水资源评价[D].济南:济南大学，2015.

[313] 谢洪波.焦作市地下水质量综合评价及污染预警研究[D].西安:长安大学，2008.

[314] 孟嘉伟.基于BP人工神经网络的水质评价模型[D].天津:天津大学，2010.

[315] 韩程辉.矿山开采对地下水资源的影响及水质评价[D].阜新:辽宁工程技术大学，2005.

[316] 付园.煤矿开采对地下水污染的评价方法研究[D].阜新:辽宁工程技术大学，2006.

[317] 王文红.试论煤矿开采地下水环境影响评价研究[J].科技信息，2011(26):303.

[318] 贾卫，王小红.地下水环境质量评价的研究进展[J].环境科学与管理，2011(12):180-184.

[319] 宋印胜.地下水资源质量评价方法综述[J].水文地质工程地质，1992，19(1):37-40.

[320] 杨炳超.地下水质量综合评价方法的研究[D].西安:长安大学，2004.

[321] 宋梅村，蔡琦.灰色聚类理论在屏蔽泵状态评估中的应用[J].原子能科学技术，2011(7):818-821.

[322] 谭露.基于灰色聚类方法的钻井作业安全性综合评价[J].重庆科技学院学报

（自然科学版），2014（6）：74-77.

[323] 余维.井灌区地下水数值模拟与水资源优化配置模型研究［D］.武汉：武汉大学，2004.

[324] 菅晓东.液压机械无级变速器全功率换段动态特性研究［D］.北京：北京理工大学，2015.

[325] 李亚伟.水资源系统模糊决策、评价与预测方法及应用［D］.大连：大连理工大学，2005.

[326] 金京梅.某越野车馈能式减振器原理及控制研究［D］.北京：北京理工大学，2015.

[327] 李永江.基于 LVQ 神经网络的手写英文字母识别［D］.广州：广东工业大学，2008.

[328] 孟佳.钢轨表面缺陷识别系统的设计与研究［D］.成都：西南交通大学，2005.

[329] 周喜.上市公司财务危机预警优化方法研究［D］.长沙：中南大学，2011.

[330] 钱程.城市生态环境智能评价系统研究［D］.成都：西南交通大学，2008.

[331] 王满.基于 FMI 的火成岩组构分析［D］.长春：吉林大学，2007.

[332] 吕忠梅.控制环境与健康风险推进"健康中国"建设［J］.环境保护，2016，44（24）：20-27.

[333] 吕忠梅.从后果控制到风险预防 中国环境法的重要转型［J］.中国生态文明，2019，30（1）：10-14.

[334] 吕忠梅.环境与健康：美丽中国建设"双引擎"：控制环境与健康风险推进"健康中国"建设［J］.环境保护，2016，44（24）：20.

[335] 王志芳，陈婧嫣，张海滨.全球环境与卫生的关联性：科学认知的深化［J］.中国卫生政策研究，2015（007）：1-7.

[336] 刘苗苗，刘磊博，毕军.我国环境健康风险管理问题与挑战［J］.环境与可持续发展，2019，44（5）：20-23.

[337] 丁卫华.识别及其治理：消费主义视角下的生态环境风险［J］.江苏大学学报（社会科学版），2021，23（2）：42-51.

[338] 夏龙河.城市生态化演进中环境管理的经济手段研究［D］.青岛：中国海洋大学，2006.

[339] 高贵凡，李湉湉.我国开展环境健康风险评估工作的必要性［J］.环境与健康杂志，2013（4）：356-357.

[340] 邵杰.阻燃剂 TBBPA-DHEE 和 TBBPA-MHEE 免疫分析方法研究及其在风

险评估中的应用[D].镇江:江苏大学,2018.

[341] 熊文艳,邱荣发,钟淙,等.南昌市公共场所空气中甲醛污染对从业人员的健康风险评估[J].现代预防医学,2014(1):14-16.

[342] 于云江,张颖,车飞,等.环境污染的健康风险评估及其应用[J].环境与职业医学,2011(5):309-313.

[343] 于云江,孙朋,车飞,等.环境污染的健康风险管理信息系统开发研究[J].环境与健康杂志,2011(7):622-625.

[344] 罗锦洪.饮用水源地水华人体健康风险评估[D].上海:华东师范大学,2012.

[345] 李湉湉.环境健康风险评估方法第一讲环境健康风险评估概述及其在我国应用的展望(待续)[J].环境与健康杂志,2015,32(3):266-268.

[346] 郭新彪.环境健康危险评定[J].毒理学杂志,2000(01):16-18.

[347] 杨震,范剑辉,王海波,等.青海省某工业园区大气$PM_{2.5}$特征重金属健康风险评估[J].广州环境科学,2017,32(2):14-19.

[348] 杨彦,陆晓松,李定龙.我国环境健康风险评估研究进展[J].环境与健康杂志,2014,31(4):357-363.

[349] 段小丽,聂静,王宗爽,等.健康风险评估中人体暴露参数的国内外研究概况[J].环境与健康杂志,2009,26(4):370-373.

[350] 唐艾玲.住宅厨房卫生间环境质量评价与改善研究[D].沈阳:沈阳建筑大学,2011.

[351] 马传苹.污水再生利用的健康风险分析[D].天津:天津大学,2007.

[352] 王娟.大学校园室内$PM_{2.5}$重金属污染特征及健康风险评估[D].南京:南京理工大学,2018.

[353] 徐鹤,王焕之,刘婷.基于"三线一单"的生态环境风险防范框架[J].环境保护,2019,47(19):16-19.

[354] 石丽娟.昆明市官渡区"五采区"生态环境现状及修复措施[J].绿色科技,2016(8):19-20.

[355] 孙桦.生态环境修复存在问题及对策建议[J].现代化农业,2019,478(5):63-64.

[356] 屠凤娜.生态文明视域下生态环境风险防范的路径研究[J].社科纵横,2019(3):60-63.

[357] 谢小茜,徐新超.浅谈水环境风险防控[J].资源节约与环保,2017(7):96.

[358] 王金南,曹国志,曹东,等.国家环境风险防控与管理体系框架构建[J].中国环

境科学，2013，33(1)：186-191.

[359] 陈金思，汪向阳，周基建，等.基于化工企业环境风险防控体系的设计[J].环境工程，2015(S1)：699-702.

[360] 陆文婷.基于风险管控思路的污染场地修复研究[J].安徽农学通报，2016，22(16)：65-67.

[361] 臧文超，王芳，张俊丽，等.污染场地环境监管策略分析——基于我国污染场地环境监管试点与实践的思考[J].环境保护，2015，43(15)：20-23.

[362] 甘延东.农业种植系统中重金属污染的协同评估、源贡献分析和农产品摄入健康风险[D].济南：山东大学，2019.

[363] 时延锋.SCEUA 算法在地下水污染溯源中的应用研究[D].济南：济南大学，2015.

[364] 姜凌，李佩成，郭建青.贺兰山西麓典型干旱区绿洲地下水水化学特征与演变规律[J].地球科学与环境学报，2009，31(3)：285-290.

[365] 蔡文良.嘉陵江重庆段多环芳烃及溶解性有机质的污染特征及源解析[D].重庆：重庆大学，2012.

[366] 曹三忠.污染因子相关分析判定地下水污染源[J].中国环境监测，1999，15(3)：50-51.

[367] 金赞芳，叶红玉.氮同位素方法在地下水氮污染源识别中的应用[J].环境污染与防治，2006，28(7)：531-535.

[368] 周迅，姜月华.氮、氧同位素在地下水硝酸盐污染研究中的应用[J].地球学报，2007，28(4)：389-395.

[369] 高志友，尹观，倪师军，等.成都市城市环境铅同位素地球化学特征[J].中国岩溶，2004，23(4)：267-272.

[370] 张新钰、辛宝东、王晓红，等.我国地下水污染研究进展[J].地球与环境，2011(3)：415-422.

[371] 吴吉春，薛禹群，黄海，等.山西柳林泉局部区域溶质运移二维数值模拟[J].水利学报，2001(8)：38-43.

[372] 朱学愚，刘建立.山东淄博市大武水源地裂隙岩溶水中污染物运移的数值研究[J].地学前缘，2001(1)：171-178.

[373] 李功胜，王孝勤，高希报.地下水污染强度反演的数值方法[J].地下水，2004，26(2)：101-102，122.

[374] 范小平，李功胜.确定地下水污染强度的一种改进的遗传算法[J].计算物理，

2007，24(2)：187-191.

[375] 牟行洋.基于微分进化算法的污染物源项识别反问题研究[J].水动力学研究与进展 A 辑，2011(1)：24-30.

[376] 曹小群，宋君强，张卫民，等.对流-扩散方程源项识别反问题的 MCMC 方法[J].水动力学研究与进展，2010，25(2)：127-136.

[377] 蒋博.城市污染土地可持续利用策略研究 [D].北京:北京林业大学，2008.

[378] 蒋小红，喻文熙，江家华，等.污染土壤的物理/化学修复[J].环境污染与防治，2006，28(3)：210-214.

[379] 王懿萍.G 地区铬渣污染状况分析及治理对策探讨[D].成都:西南交通大学，2010.

[380] 陈果.试论重金属污染场地土壤修复技术[J].资源节约与环保，2017(5)：3,5.

[381] 张腾云.重金属污染土壤修复技术的发展研究[J].河南科技，2017(1)：156-157.

[382] 张宝强.污染土地修复技术研究及发展趋势[J].乡村科技，2019 (16)：107-109.

[383] 孙博.A 药厂污染土壤修复项目进度管理研究[D].青岛:青岛科技大学，2018.

[384] 林雪梅，崔娟敏，孙志辉.污染场地的治理[J].内蒙古石油化工，2021，47(1)：50-51,57.

[385] 柯国洲，彭书平，徐涛，等.土壤重金属镉修复技术研究进展[J].广州化工，2017，45(14)：28-31.

[386] 王凯.场地土壤重金属污染特征及健康风险评估研究[D].北京:中国地质大学，2019.

[387] 涂玉良.铁锰材料原位修复砷、铅污染土壤机制与工程应用研究[D].广州:华南理工大学，2020.

[388] 骆永明.污染土壤修复技术研究现状与趋势[J].化学进展，2009，21(2)：558-565.

[389] 刘登峰.黄原胶强化传输多硫化钙修复铬(VI)污染非均质含水层研究[D].吉林:吉林大学，2016.

[390] 李红燕.土壤污染修复技术研究现状与趋势[J].乡村科技，2018，200(32)：123-124.

[391] 周鼎.广东某电镀厂搬迁场地土壤重金属健康风险评估与修复建议[D].长沙:湖南农业大学，2014.

[392] 唐小亮.挥发性氯代烃类化合物污染场地健康风险评估与修复技术筛选研究[D].南京:南京农业大学,2011.

[393] 赵金艳,李莹,李珊珊,等.我国污染土壤修复技术及产业现状[J].中国环保产业,2013(3):61-65.

[394] 何志意.钒钛磁铁矿冶炼废渣中钒的测定及钒镉铬等元素淋滤特征研究[D].成都:成都理工大学,2016.

[395] 王洪才.重金属污染土壤淋洗修复技术和固化/稳定化修复技术研究[D].杭州:浙江大学,2014.

[396] 李佳华,林仁漳,王世和,等.改良剂对土壤-芦蒿系统中镉行为的影响[J].环境化学,2009,28(3):350-354.

[397] 章菁熠.不同改良材料对铜污染土壤的修复研究[D].南京:南京农业大学,2013.

[398] 杨波.基于钯修饰电极的多氯联苯电催化还原脱氯研究[D].北京:清华大学,2007.

[399] 弓俊微.重庆市废弃杀虫剂类POPs调查及前处理方案研究[D].重庆:重庆大学,2009.

[400] 冯凤玲.污染土壤物理修复方法的比较研究[J].山东农业工程学院学报,2005,21(4):135-136.

[401] 刘义,刘庆广,黄永凤.土壤修复技术研究进展[J].德州学院学报,2019,35(6):47-51.

[402] 潘永刚,石云峰.土壤污染热修复装置的研究[J].环境工程,2014(7):127-130.

[403] 李玉双,胡晓钧,宋雪英,等.城市工业污染场地土壤修复技术研究进展[J].安徽农业科学,2012,40(10):6119-6122.

[404] 郝大程,周建强,韩君.土壤重金属和有机污染物的微生物修复:生物强化和生物刺激[J].生物技术通报,2017,33(10):9-17.

[405] 陈燕芳.地球化学工程技术修复重金属污染土壤的试验研究[D].北京:中国地质科学院,2010.

[406] 田耀全,郝汉舟,靳孟贵,等.生物修复在治理土壤污染中的应用[J].安全与环境工程,2006,13(4):30-34.

[407] 李忠嫒.逆流流化溶剂萃取法修复高浓度石油污染土壤的研究[D].天津:天津大学,2015.

［408］胡明亮.污染土壤修复技术研究[J].贵州化工，2010，35(2)：40-43.

［409］张云峰，盛金聪，陆秋艳.污染土壤修复技术的研究进展[J].甘肃农业科技，2004(10)：36-39.

［410］赵海霞.凯里地区煤矿废水污染分析及微生物处理试验研究[D].贵阳:贵州大学，2008.

［411］李珊珊，张文毓，孙长虹，等.基于文献计量分析土壤修复的研究现状与趋势[J].环境工程，2015，33(5)：160-165.

［412］郭彦威，王立新，林瑞华.污染土壤的植物修复技术研究进展[J].安全与环境工程，2007，14(3)：25-28.

［413］王厚杰.马关县矿区土壤重金属污染及植物修复特性的研究——以小白河流域为例[D].成都:成都理工大学，2012.

［414］韩芳.关于土壤污染危害与土壤修复技术探析[J].幸福生活指南，2018(3)：168.

［415］胡颖，李冠超.我国土壤污染与修复技术综述[J].广东化工，2018，45(9)：144-145.

［416］王涛.我国土壤修复行业现状及亟待解决的问题[J].中国环保产业，2014，1(1)：15-18.

［417］张春慧.污灌农田 Cd、Cr 及其强化修复技术研究[D].咸阳:西北农林科技大学，2014.

［418］侯恺.污染土壤修复技术综述[J].江西化工，2019(4)：26-29.

［419］黄沅清，杨元龙，薛炜.重金属污染场地物理化学修复技术研究与工程应用进展[J].广州化学，2017，42(6)：54-61.

［420］胡遥.重金属污染土壤处理技术与工艺阐释[J].湖南有色金属，2018，34(02)：73-76.

［421］范兆乾.AtATM3 和 CYP2E1 基因增强转基因紫花苜蓿抗重金属和有机物能力研究[D].青岛:青岛科技大学，2013.

［422］黄超.白腐真菌强化处理铅污染农业废物及其对铅的抗性机理研究[D].长沙:湖南大学，2017.

［423］孙俊杰.硝基苯污染土壤的修复及其淋洗废水的处理研究[D].青岛:青岛理工大学，2008.

［424］巩宗强，李培军，台培东，等.污染土壤的淋洗法修复研究进展[J].环境污染治理技术与设备，2002，3(7)：45-50.

[425] 房剑红.重金属污染滨海盐渍土壤淋洗改良研究[D].广州：暨南大学，2007.

[426] 瞿卫.利用 D-葡萄糖酸修复重金属污染土壤研究[D]长沙：湖南大学，2008.

[427] 黄宝荣.矿山重金属污染土壤化学修复技术研究[D].长沙：湖南大学，2004.

[428] 翟振乾.悬浮颗粒对重金属离子渗流迁移过程影响的试验研究[D].北京：北京交通大学，2017.

[429] 王显海.重金属污染土壤化学萃取技术研究[D].长沙：湖南大学，2006，

[430] 闫妍.微生物好氧降解氯丹的研究[D].大连：大连理工大学，2008.

[431] 白静.表面活性剂强化地下水循环井技术修复 NAPL 污染含水层研究[D].长春：吉林大学，2013.

[432] 王海棠.假单胞菌 P.LB402 利用非离子表面活性剂 Tween-80 降解 PCBs 的研究[D].大连：大连理工大学，2004.

[433] 熊雪丽.有机氯农药污染场地土壤洗脱剂筛选及洗脱条件优化[D].南京：南京农业大学，2011.

[434] 罗启仕，张锡辉，王慧，等.生物修复中有机污染物的生物可利用性[J].生态环境学报，2004，13(1)：85-87.

[435] 黄敏，谭丽泉，余梅，等.表面活性剂对白腐真菌降解石油的影响[J].石油炼制与化工，2012，43(8)：77-81.

[436] 贾凌云，吴刚，杨凤林.表面活性剂在污染土壤生物修复中的应用[J].现代化工，2003，23(9)：58-61.

[437] 刘宏.羟丙基-β-环糊精对土壤中多氯联苯的洗脱研究[D].长沙：湖南大学，2007.

[438] 徐磊.某化工厂污染场地风险评估与修复研究[D].成都：成都理工大学，2015.

[439] 何允玉.谈污染土壤的水泥窑共处置技术[J].北方环境，2011(11)：47.

[440] 周际海，袁颖红，朱志保，等.土壤有机污染物生物修复技术研究进展[J].生态环境学报，2015(2)：343-351.

[441] 李飞宇.土壤重金属污染的生物修复技术[J].环境科学与技术，2011(S2)：148-151.

[442] 刘兰岚.土壤重金属污染修复技术发展趋势[J].安徽农业科学，2013，41(10)：4336-4337.

[443] 李社锋，王文坦，杜少霞，等.我国土壤修复行业面临的问题及商业模式分析[J].环境工程，2017,35(1)：164-168.

[444] 刘洁.含磷材料对紫色土铅稳定化条件优化及环境风险评估[D].重庆：西南大

学，2018.

[445] 刘明浩，花发奇.现代土壤修复技术综述[J].科技创新导报，2012（15）：120-121.

[446] 蒋忠.异位污染土壤修复设备关键部件设计分析及送料控制策略的研究[D].上海：华东理工大学，2015.

[447] 徐明德，马元波.呼和浩特市地下水质灰色关联分析[J].科技情报开发与经济，2008（1）：136-138.

[448] 郭函君.超累积植物龙葵内生菌在重金属废水处理中的应用研究[D].长沙：湖南大学，2011.

[449] 白子韶.加强废弃取水井管理 保护地下水资源[J].科技视界，2015（16）：289-290.

[450] 金铭.中国地下水污染危机[J].生态经济，2013（5）：12-17.

[451] 刘彦宏，王军，张杰.地下水污染及防治技术研究进展[J].科技传播，2012（21）：51，56.

[452] 谭勇.基于数值模拟和响应面法的 PRB 设计研究[D].长沙.湖南大学，2014.

[453] 刘志彬，方伟，陈志龙.饱和带地下水曝气修复技术研究进展[J].地球科学进展，2013（10）：1154-1159.

[454] 郑艳梅.原位曝气去除地下水中 MTBE 及数学模拟研究[D].天津：天津大学，2005.

[455] 魏启炳.热强化气相抽提修复挥发性有机物污染场地室内试验研究[D].南京：东南大学，2018.

[456] 束善治，袁勇.污染地下水原位处理方法：可渗透反应墙[J].环境工程学报，2002，3（1）：47-51.

[457] 周启星，林海芳.污染土壤及地下水修复的 PRB 技术及展望[J].环境污染治理技术与设备，2001，2（5）：48-53.

[458] 马琳.砷污染地下水修复的渗透反应墙材料筛选及除砷机理研究[D].武汉：华中农业大学，2010.

[459] 陶征义，隋天娥.酸性矿山排水被动处理方法研究进展[J].环境科学与管理，2009（3）：96-99.

[460] 揣小明.利用 PRB 技术去除氯代有机污染物的研究进展[J].安徽农业科学，2012，40（7）：4.

[461] 刘玲，徐文彬，甘树福.PRB 技术在地下水污染修复中的研究进展[J].水资源

保护，2006，22（6）：76-80.

[462] 程福海，谈建康.浅述我国地下水污染危害现状及成因研究[J].农业与技术，2015，35（24）：239.

[463] 马长文，仵彦卿，孙承兴.受氯代烃类污染的地下水环境修复研究进展[J].环境保护科学，2007，33（3）：23-25.

[464] 邓海静.地下水石油烃生物降解特性及室内模拟修复效果研究[D].长春：吉林大学，2011.

[465] 陈慧敏，仵彦卿.地下水污染修复技术的研究进展[J].净水技术，2010（6）：5-8.

[466] 井柳新，程丽.地下水污染原位修复技术研究进展[J].水处理技术，2010，36（7）：6-9.

[467] 朱雪强，韩宝平，尹儿琴.地下水 DNAPLs 污染的研究进展[J].四川环境，2005，24（2）：65-70.

[468] 裴宗平.某市岩溶地下水水源地四氯化碳污染机理研究[D].北京：中国矿业大学，2010.

[469] 陆彩霞.氢自养反硝化法去除地下水中硝酸盐的技术研究[D].天津：天津大学，2010.

[470] 黄瑞丹.地下水污染治理技术的进展[J].科技风，2013（16）：232.

[471] 杨梅，费宇红.地下水污染修复技术的研究综述[J].勘察科学技术，2008（4）：12-16.

[472] 高阳阳.鼠李糖脂改性纳米铁炭去除地下水中硝酸盐研究[D].成都：成都理工大学，2017.

[473] 廖静秋，黄艺.流域水环境修复技术综述[J].环境科技，2013，26（1）：62-65.

[474] 吴玉成.治理地下水有机污染抽出处理技术影响因素分析[J].水文地质工程地质，1998（1）：30-32，45.

[475] 赵磊.云南安宁炼油厂西部岩溶区地下水污染防控管理模型[D].昆明：昆明理工大学，2017.

[476] 高庆然.齐鲁石化公司地下水石油污染现状及污染模拟研究[D].苏州：苏州大学，2007.

[477] 王磊，龙涛，张峰，等.用于土壤及地下水修复的多相抽提技术研究进展[J].生态与农村环境学报，2014，30（2）：137-145.

[478] 刘诺.负载纳米零价铁活性炭去除水中 CAHs 的可行性研究[D].上海：华东

理工大学，2013.

　　[479] 彭小敏.污染场地修复治理法律机制研究[D].赣州:江西理工大学,2018.

　　[480] 李肇铸,章生卫,魏鸿辉,等.某污染场地土壤重金属砷修复效果评价[J].广东化工,2017,44(12):213-215.

　　[481] 王瑞波,陈异晖,和丽萍,等.污染场地修复治理项目环境监理工作要点解析[J].环境科学导刊,2017(1):27-32.

　　[482] 李炎地.受污染地块的深基坑土方开挖及污染土验收流程探究[J].建筑施工,2020,42(12):2245-2249.

　　[483] 廖营基.用地性质转换背景下的 BR 地产香料厂项目的风险管控研究[D].广州:华南理工大学,2018.

　　[484] 李晓光,周金倩,王岳,等.逐一对比法与统计分析法在土壤修复效果评估中的应用对比[J].节能与环保,2019(9):94-95.